Anna Laukner

Taschenatlas
Hunderassen

von A bis Z

116 Farbfotos

Ulmer

Vorwort

Es gibt 339 offiziell von der FCI (Fédération Cynologique Internationale) zugelassene Hunderassen (Stand September 2010). Wenn man alle nicht offiziell anerkannten Rassen und lokalen Schläge hinzuzählt, kommt man auf weit über 400. Diese Vielfalt ist selbst für Fachleute manchmal verwirrend. Um wie viel schwieriger ist es für den Laien, aus diesem „Reigen" die individuell für ihn geeignete Rasse zu finden!

Kein Mensch kann alle diese Rassen auseinanderhalten, viele davon bekommt man in Deutschland nie zu Gesicht. Selbst auf großen Ausstellungen sind nie alle Rassen gleichzeitig vertreten.

Es würde den Rahmen dieses Buches bei Weitem sprengen, wollte man versuchen, alle existierenden Hunderassen vorzustellen. Darum beschränkt sich dieser Taschenatlas auf gut **140 Hunderassen**, die man in Deutschland mehr oder weniger häufig antrifft und die der interessierte Leser auch auf den Internationalen Rassehundeausstellungen des VDH (Verband für das Deutsche Hundewesen), die mehrmals jährlich in Deutschland abgehalten werden, sehen kann. Alle diese Rassen werden auch in Deutschland gezüchtet.

Dieser Taschenatlas dient als **Orientierungshilfe**, er gibt Auskunft über Herkunft, Wesen und Besonderheiten bei der Haltung der jeweiligen Hunderasse. Als Begleiter etwa beim Besuch einer Hundeausstellung kann er wichtige Dienste leisten.

Dr. Anna Laukner

Inhalt

Erklärung der Piktogramme und Maßangaben

Größe: Angegeben wird jeweils die Schulterhöhe als Stockmaß. Die Größen- und Gewichtsangaben beziehen sich auf die Vorgaben des jeweiligen Rassestandards. Bei manchen Rassen wird das Gewicht (und seltener auch die Größe) im Standard nicht angegeben. In diesen Fällen sind die rasseüblichen Durchschnittsmaße angegeben.

Bei jedem Rasseporträt finden Sie außerdem vier Symbole. Diese stehen für:

 Eignung der Rasse für die Wohnungshaltung (ja/eingeschränkt/nein): Kriterien sind das Gewicht und die Größe der Rasse (Beispiel: Lässt sich der Hund über mehrere Stockwerke tragen?) sowie das Haarkleid (Beispiel: Rassen mit sehr dichter Unterwolle sollten freien Gartenzugang haben).

 Fellpflege (einfach/mittel/aufwendig): Muss die Rasse getrimmt oder geschoren bzw. häufig gekämmt, gebürstet und/oder gebadet werden? Neigt das Fell zum Verfilzen?

 Aktivität (gering/mittel/hoch): Hier ist die Einteilung nicht ganz einfach, da die Aktivität auch individuell variieren kann. Zudem empfindet jeder Besitzer die Aktivität seines Hundes anders – je nach Höhe der eigenen Aktivität.

 Lebenserwartung: Auch hier können nur Durchschnittszahlen angegeben werden. Generell haben Riesenrassen eine niedrigere Lebenserwartung als Hunde kleiner Rassen.

Die Erläuterungen der Fachwörter finden Sie im Service-Teil auf Seite 124.

Kleine Rassekunde

Die FCI unterteilt die Hunderassen in **10 Gruppen**, diese wiederum in verschiedene Sektionen. Diese Einteilung orientiert sich am ursprünglichen Verwendungszweck und an bestimmten morphologischen (äußerlichen) Eigenschaften der Rassen – auch wenn heute die meisten Rassevertreter nicht mehr für ihre ursprüngliche Aufgabe verwendet werden.

Jeder Hund ist, ungeachtet seiner Rasse, auch ein Individuum, dessen Wesen sich aus äußeren und inneren Faktoren zusammensetzt. Deshalb gibt es keine Garantie dafür, dass ein Hund bestimmte „rassetypische" Eigenschaften entwickelt. Einfluss auf das Wesen haben neben den Genen immer auch die Aufzucht- und Haltungsbedingungen. Um alle erwünschten Eigenschaften entwickeln zu können, muss der Hund entsprechend sorgfältig sozialisiert, erzogen, ernährt, gehalten und beschäftigt werden.

Ein Welpe sollte immer bei einem **seriösen Züchter** gekauft werden, der die Elterntiere auf mögliche Erbkrankheiten bzw. rassespezifische Erkrankungen testen lässt, die Welpen sorgfältig aufzieht und sozialisiert und der dem Welpenkäufer auch nach dem Kauf hilfreich zur Seite steht. All dies ist beim Kauf bei einem Massenzüchter, Händler oder übers Internet nicht gewährleistet. Entsprechend ist auch der **Kaufpreis** für einen Welpen aus seriöser Zucht höher: Gesundheits-

In Deutschland besteht ein Kupierverbot. Ohren dürfen seit 1987, Ruten seit 1998 nicht mehr beschnitten werden. Aus diesem Grund sehen Sie auf unseren Bildern unkupierte Rassevertreter (bis auf wenige rein jagdlich geführte Rassen, für die eine Ausnahmeregelung gilt).

tests, Impfungen, Ausbildung und Ausstellungsbesuche der Elterntiere, optimale Unterbringung, Sozialisierung und Ernährung sind nur einige Posten, die mit Geld und Zeit zu Buche schlagen. Achten Sie also darauf, dass der Züchter einem **Rassezuchtclub** angehört, der dem VDH (Verband für das Deutsche Hundewesen) angegliedert ist. Als Ersthundebesitzer sollten Sie zudem einen Züchter wählen, der schon einige Würfe gezüchtet hat und über ausreichend Erfahrung mit der Rasse verfügt, um sie entsprechend beraten und Ihnen bei der Auswahl des passenden Welpen helfen zu können.

FCI-Gruppen

Gruppe 1: Hütehunde und Treibhunde (außer Schweizer Sennenhunde)

Gruppe 2: Pinscher und Schnauzer, molossoide Rassen, Schweizer Sennenhunde

Gruppe 3: Terrier

Gruppe 4: Dachshunde

Gruppe 5: Spitze und Hunde vom Urtyp

Gruppe 6: Laufhunde, Schweißhunde und verwandte Rassen

Gruppe 7: Vorstehhunde

Gruppe 8: Apportierhunde, Stöberhunde, Wasserhunde

Gruppe 9: Gesellschafts- und Begleithunde

Gruppe 10: Windhunde

Hunderassen
von A bis Z

 ja   einfach   gering   ❓ 12–15 Jahre

Affenpinscher

FCI-Standard Nr. 186
Größe: 25–30 cm
Gewicht: 4–6 kg
Farbe: schwarz

Herkunft und Verbreitung: Der Affenpinscher ist eine der ältesten deutschen Hunderassen. Über seine Entstehung gibt es keine Aufzeichnungen, auffällig ist allerdings seine Ähnlichkeit mit dem belgischen Zwerggriffon (Griffon Belge). Der Affenpinscher wurde schon früher als Gesellschafts- und Begleithund gehalten, außerdem bewährte er sich als Mäusejäger. Heute gehört er mit 20–25 Welpen jährlich zu den seltenen Hunderassen.

Wesen: Der Affenpinscher soll laut Standard unerschrocken, wachsam, hartnäckig und anhänglich an seine Familie sein, dabei manchmal von „aufbrausender Leidenschaft". Er ist in der Regel ein selbstbewusster Hund, der in der Rudelhaltung mit größeren Hunden oft einen Platz an der Spitze der Hierarchie einnimmt. Bei der Begegnung mit fremden größeren Hunden muss man den mutigen, kleinen Affenpinscher unter Umständen bremsen. Ein eifriger Mäusejäger ist der Affenpinscher auch heute noch und zieht das Stöbern in Feld und Flur einer gemütlichen Sofastunde in aller Regel vor.

Haltung: Der Affenpinscher ist mit wenig Platz zufrieden. Bei der Erziehung sollte man darauf achten, kein ausuferndes Kläffen zu erlauben. Sonst sind die Haltung und Pflege eher unkompliziert, zweimal im Jahr sollte das Fell getrimmt werden. Allzu üppige Ohrenbehaarung wird regelmäßig ausgezupft. Wie die meisten kleinen Hunde kann auch der Affenpinscher zu Patellaluxation (siehe Glossar) neigen. Durch den kurzschnäuzigen Kopf kommen Augenverletzungen häufiger vor als bei Hunderassen mit langem Fang.

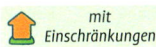 mit Einschränkungen

 aufwendig

 mittel

 etwa 12 Jahre

Afghanischer Windhund

FCI-Standard Nr. 228
Größe: Rüde 68–74 cm, Hündin 63–69 cm
Gewicht: 20–30 kg (je nach Größe und Typ)
Farbe: alle Farben

Herkunft und Verbreitung: Hunde dieses Typs existierten in Afghanistan seit Jahrhunderten und fanden dort bei der Hetzjagd Verwendung.

Wesen: Der Rasse wird eine gewisse Sturheit und „Erziehungsresistenz" nachgesagt. Auf keinen Fall sind dies Hunde für Gehorsamsfanatiker. Ein ausgeprägtes Selbstbewusstsein und Unnahbarkeit Fremden gegenüber sind genauso typische Attribute des Afghanen wie seine Hetzleidenschaft. Der Standard verlangt ein „gewisses leidenschaftliches Ungestüm", wobei der Afghane auf keinen Fall unberechenbar wild und aggressiv sein sollte – ebenso wenig wie scheu. Allzu verträglich mit fremden Artgenossen ist der Afghane nicht, und auch beim Kontakt mit Katzen, Kaninchen oder anderen Tieren ist Vorsicht geboten. Im Haus ist der Afghane ein unaufdringlicher Gefährte.

Haltung: Durch sein sehr langes Fell kann der Afghanische Windhund viel Schmutz mit ins Haus schleppen. Vor der Fütterung empfiehlt es sich, dem Hund einen „Futterstrumpf" (Snood) überzustreifen. Hunde aus Schaulinien haben üppigeres Haar als solche aus Rennlinien, diese haben dafür meist einen stärkeren Hetztrieb. Afghanen toben sich gerne auf der Rennbahn oder beim Coursing aus. Mit regelmäßiger Bewegung an der Leine (zum Beispiel am Fahrrad) kann ein Afghane aber auch ohne tägliche Hetzjagd ein zufriedener Hausgenosse sein. Achtung: Einen Afghanen während des Spazierganges von der Leine zu lassen, ist wegen seines starken Hetztriebes riskant. Autos und Züge bereiteten schon so manchem Ausflug ein tragisches Ende.

mit Einschränkungen

mittel

mittel

? 10–15 Jahre

Airedale Terrier

FCI-Standard Nr. 7
Größe: Rüde 58–61 cm, Hündin 56–59 cm
Gewicht: 20–30 kg
Farbe: lohfarben mit schwarzem oder grauem Sattel

Herkunft und Verbreitung: Der Airedale Terrier wurde vor rund 160 Jahren in England als Jagdhund, vor allem auf Otter, Marder und Wassergeflügel, gezüchtet. Er ist der größte der (englischen) Terrierrassen und ist heute ein in der ganzen Welt geschätzter Familien- und Begleithund. Außerdem gehört er offiziell zu den anerkannten Diensthunderassen.

Wesen: Airedales sollen unerschrocken, wachsam und mutig sein, dabei nicht aggressiv. Trotz seines Temperaments ist der typische Airedale freundlich, vertrauensvoll und offen. Er ist seiner Familie treu ergeben, hat nicht das manchmal etwas nervöse Temperament anderer Terrierrassen und bleibt in den meisten Situationen besonnen. Dennoch ist er ein guter Wächter und in brenzligen Situationen ist mit ihm nicht zu spaßen. Airedales lieben Sport und Spiel und sollten unbedingt ausreichend beschäftigt und bewegt werden.

Haltung: Er muss regelmäßig getrimmt werden, damit sein Fell pflegeleicht bleibt. Nach dem Füttern sollte man seinen Bart reinigen. Die Grunderziehung bereitet bei Airedales meist keine großen Schwierigkeiten, obwohl sie bisweilen etwas dickköpfig sein können. Gesundheitlich sind sie recht robust, manche Rassevertreter neigen allerdings zu Verdauungsproblemen, vor allem bei Futterumstellungen. Die Elterntiere sollten auf jeden Fall HD-frei sein (siehe Glossar). Bei manchen Airedales kommt eine Schilddrüsenunterfunktion vor.

Nein *mittel* *mittel* *10–14 Jahre*

Akita Inu und American Akita (Amerikanischer Akita)

FCI-Standard Nr.: Akita Inu 255, American Akita 344

Größe: Akita Inu: Rüde 64–70 cm, Hündin 58–64 cm. American Akita: Rüde 66–71 cm, Hündin 61–66 cm

Gewicht: Akita Inu 30–45, American Akita 35–55 kg

Farbe: rot, sesam, falb, weiß, gestromt; American Akita auch gescheckt (pinto) und mit Maske

Herkunft und Verbreitung: Der Akita Inu stammt von japanischen Spitzen ab, die schon vor Jahrhunderten zur Bärenjagd eingesetzt wurden. Ab 1868 wurden Mastiffs eingekreuzt. Diese Akitas wurden nach dem Zweiten Weltkrieg in die USA eingeführt. Die Hunde amerikanischer Zuchtrichtung entfernten sich immer mehr von den japanischen Akitas, sie sind insgesamt wuchtiger und imposanter.

Wesen: Akitas sind sehr selbstbewusst. Die Einordnung in die Rangordnung sollte früh beginnen. Man darf diese konsequente Früherziehung nicht mit Härte und Zwang verwechseln, dies würde den Akita nur trotzig machen und das Gegenteil erreichen. Er muss überzeugt werden – dies erreicht man vor allem mit einfühlsamer Motivation. Zur Ausbildung auf dem Hundeplatz eignet sich ein Akita weniger. Dafür ist er ein unermüdlicher Begleiter bei vielen sportlichen Aktivitäten.

Haltung: Vor allem während des Fellwechsels verliert er sehr viel Unterwolle und sollte täglich gebürstet werden. Im Winter begibt er sich oft freiwillig aus den überheizten Räumen nach draußen. Es treten recht häufig Hautkrankheiten (u. a. Sebadenitis) auf. Viele Tiere reagieren auch empfindlich auf zu viel Protein im Futter.

Nein	mittel	hoch	12–15 Jahre

Alaskan Malamute

FCI-Standard Nr. 243
Größe: Rüde im Mittel 63,5 cm,
Hündin im Mittel 58,4 cm
Gewicht: Rüde im Mittel 38 kg,
Hündin im Mittel 34 kg
Farbe: hellgrau bis schwarz oder rötlich mit
hellen Abzeichen, einfarbig weiß

Herkunft und Verbreitung: Der Alaskan Malamute stammt aus Alaska und wurde vor allem zum Ziehen schwerer Lasten eingesetzt.

Wesen: Der Alaskan Malamute ist ein echter Naturbursche: Ohne angemessene körperliche Betätigung kommt dieses Kraftpaket im Handumdrehen auf dumme Gedanken. Als Rudeltier braucht er Gesellschaft, sonst erfreut er unter Umständen die gesamte Nachbarschaft mit durchdringendem Geheul. Ein Malamute, der sich selbst überlassen und gelangweilt ist, richtet im besten Fall ein Chaos, im schlimmsten eine Katastrophe an. Diese Hunde sind sehr gute Beobachter und wissen die geringste Schwäche blitzschnell auszunutzen. Auf der anderen Seite sind sie sehr zärtlich, was bei diesen riesigen, urwüchsigen Tieren ausgesprochen rührend wirken kann. Eine durchschnittliche Wanderung ist für ihn ein bloßes „Warm-up". Ideal ist es, ihn etwas ziehen zu lassen: Im Winter Schlitten, im Frühling und Herbst Trainingswagen.

Haltung: Bei vielen Malamutes ist der Jagdtrieb stark ausgeprägt, eine sichere Umzäunung des Grundstückes (mind. 2,20 m hoch und bis tief in die Erde reichend) ist ein Muss. Malamutes benötigen oft eine spezielle Ernährung, zu viel Protein kann zu Verdauungs- und Hautproblemen führen. Die Haltung dieser Rasse erfordert eine sehr selbstkritische Prüfung und ausführliche Züchtergespräche vor dem Kauf. Ein Malamute ist kein Renommierhund, sondern eine Lebensaufgabe!

 ja   aufwendig   mittel   13–15 Jahre

American Cocker Spaniel

FCI-Standard Nr. 167
Größe: Rüden 36,8–39,4 cm,
Hündin 34,3–36,9 cm
Gewicht: 10–13 kg
Farbe: schwarz, braun, rot (creme bis
tiefrot) mit oder ohne rote Abzeichen,
jeweils einfarbig oder weiß gescheckt oder
geschimmelt

Herkunft und Verbreitung: Der American Cocker wurde in den USA aus dem englischen Cocker gezüchtet. Er wird heute hauptsächlich als Familien- und Ausstellungshund gehalten und gehört in seinem Ursprungsland zu den populärsten Hunderassen. In Deutschland hat er nie die Beliebtheit seines englischen Vetters erreicht, hier werden jährlich nur um die 100 Welpen eingetragen.

Wesen: Der „Ami" ist sehr liebebedürftig und spielfreudig, eignet sich dadurch gut als Familienhund. Durch seine Herkunft zeigt er durchaus noch Jagdtrieb, wenn auch nicht so ausgeprägt wie bei den übrigen Spanielrassen.

Haltung: Das besonders üppige Haarkleid erfordert viel Pflege, vor allem bei Ausstellungshunden. Bei reinen Familienhunden wird man das Fell etwas kürzen, um den Pflegeaufwand in Grenzen zu halten. Wie andere Spanielrassen auch, neigt der American Cocker mitunter zu Ohrenentzündungen. Eine sorgfältige Pflege hilft, diesen Problemen vorzubeugen. Auch die Lefzenfalten sollten regelmäßig kontrolliert und gegebenenfalls gereinigt werden. Nach jedem Spaziergang heißt es, die langen Ohren und die stark behaarten Pfoten zu kontrollieren und gegebenenfalls von Fremdkörpern zu befreien. Vor allem im Winter können sich Eisklumpen und Streusalz in den Ballen festsetzen und diese reizen. Vereinzelt kommt Epilepsie vor.

🏠 eingeschränkt	🪮 einfach	⚽ hoch	❓ etwa 12 Jahre

American Staffordshire Terrier

FCI-Standard Nr. 286
Größe: Rüde 46–48 cm, Hündin 43–46 cm
Gewicht: 18–30 kg (je nach Größe und Typ)
Farbe: alle Farben zugelassen; leberfarben,
black-and-tan sowie mehr als 80 % weiß
sollten nicht gefördert werden

Herkunft und Verbreitung: Der American Staffordshire Terrier (AmStaff) geht auf den niedrigeren und kompakteren englischen Staffordshire Bullterrier zurück. Durch strenge Auflagen und „Kampfhundgesetze" ist in Deutschland die Zucht zeitweilig fast zum Erliegen gekommen. Heute werden etwa 50 reinrassige AmStaff-Welpen pro Jahr eingetragen.

Wesen: AmStaffs sind sehr aufmerksame und vitale Hunde, deren Haltung Hundeverstand, einen festen Charakter und auch körperliche Standfestigkeit erfordert. Eine gute Sozialisierung ist Grundvoraussetzung, und auch die Erziehung zu absolutem Gehorsam ist ein Muss. In der Familie sind sie normalerweise zärtlich und verspielt, brauchen aber unbedingt eine körperliche und psychische Auslastung (etwa durch Obedience, Fährtenarbeit, Rettungshundearbeit etc.). Wilde Zerr- und Beutespiele sind nicht das Richtige für diese starke und selbstbewusste Rasse. Einer Konfrontation mit anderen Hunden geht ein AmStaff nicht unbedingt aus dem Weg. Kaufen Sie einen AmStaff nur bei einem VDH-Züchter!

Haltung: Erkundigen Sie sich unbedingt, unter welchen Auflagen in Ihrem Bundesland die Haltung erlaubt ist. Auch die Hundesteuer kann je nach Gemeinde deutlich höher als für andere Rassen sein. Im Mehrfamilienhaus sollten Sie unbedingt vor dem Kauf die schriftliche Genehmigung des Vermieters und der anderen Mitparteien einholen.

 eingeschränkt   einfach   hoch   12–15 Jahre

Appenzeller Sennenhund

FCI-Standard Nr. 46
Größe: Rüde 52–56 cm, Hündin 50–54 cm
Gewicht: Rüde 26–30 kg, Hündin 20–24 kg
Farbe: schwarz oder havannabraun mit symmetrischen roten und weißen Abzeichen

Herkunft und Verbreitung: Ursprünglich wurden sie als Bauernhunde zum Treiben der Rinder und zum Bewachen der Senn auf schweizer Almen eingesetzt.

Wesen: Appenzeller sind unermüdliche Spielgefährten und treue Begleiter aller Unternehmungen. Sie begeistern sich für Hundesport in allen möglichen Variationen. Die Erziehung des lernfähigen, temperamentvollen und selbstbewussten Appenzellers erfordert Konsequenz und Fingerspitzengefühl, die Hunde brauchen eine klare Führung. Deshalb eignet sich die Rasse nur bedingt als Anfängerhund. Als ehemalige Wach- und Hütehunde sind sie wachsam, flink und können mit einer gewissen Reserviertheit gegenüber Fremden ausgestattet sein. Wurde eine ausreichende Sozialisierung in der Welpenzeit versäumt, so wird der erwachsene Hund dieses Misstrauen gegenüber allem Fremden nur schwer ablegen, was in unserer Gesellschaft zu Problemen führen kann. Dies ist mit ein Grund dafür, einen Appenzeller nur beim seriösen und erfahrenen Züchter zu kaufen. Seine Bellfreudigkeit heißt es durch eine konsequente Erziehung in gemäßigte Bahnen zu lenken.

Haltung: Insgesamt sind Appenzeller pflegeleicht und robust, auch sind sie wenig krankheitsanfällig. Sie sind ziemlich schmerzunempfindlich: Wenn ihnen einmal etwas fehlt, merkt man es oft erst recht spät. Sie sind in der Regel gute Futterverwerter und neigen bei zu reichlicher Fütterung und geringer Bewegung zu Übergewicht.

 eingeschränkt   mittel   hoch   ❓ 12–15 Jahre

Australian Shepherd

FCI-Standard Nr. 342
Größe: Rüde 51–58,5 cm,
Hündin 46–53,5 cm
Gewicht: 19–28 kg (je nach Größe und Typ)
Farbe: blue-merle, red-merle, schwarz, rot;
mit oder ohne weiße Abzeichen und/oder
kupferfarbene Abzeichen

Herkunft und Verbreitung: Ursprünglich wurde der „Aussie" in Amerika als Hütehund eingesetzt, dort arbeitet er auch heute noch auf vielen Farmen. Nach Deutschland brachten ihn die Westernreiter. In den letzten zwei Jahren haben sich die Welpenzahlen fast verdoppelt.

Wesen: Diese Hunde sind Energiebündel! Sie wollen unbedingt etwas für und mit ihrem Besitzer tun. Nur wegen seiner hübschen Erscheinung sollten Sie sich keinen Aussie anschaffen. Unausgelastet kann er zur Nervensäge werden, die sich selber eine Aufgabe sucht und im Freien allem nachsetzt, was sich bewegt: Jogger, Fußbälle, Fahrradfahrer etc. Der ideale Australian Shepherd lernt leicht und gerne, ist dabei sehr anhänglich. Wichtig ist, ihm die entsprechende Beschäftigung zu bieten. Es muss nicht unbedingt Hüten sein, Ersatzfelder sind etwa Agility oder Obedience. Da in Schönheitszuchten nicht immer auf Unterordnungsbereitschaft selektiert wird, gibt es mittlerweile auch recht dickköpfige Aussies. Meist sind die Hunde aus den ursprünglichen Hütelinien leichter zu erziehen und zu führen.

Haltung: Gesundheitlich sind Australian Shepherds robust, man sollte allerdings auf HD-freie Elterntiere achten. In der Rasse kann der MDR-1-Defekt (siehe Glossar) auftreten, Elterntiere sollten darauf getestet sein. Gelegentlich treten erbliche Augenerkrankungen und Epilepsie auf, auch hierauf muss bei den Eltern geachtet werden.

 eingeschränkt   mittel   hoch   etwa 10 Jahre

Barsoi (Russischer Windhund)

FCI-Standard Nr. 193
Größe: Rüde 75–85 cm, Hündin 68–78 cm
Gewicht: 35–48 kg (je nach Größe und Typ)
Farbe: alle Farben und Farbkombinationen außer blau und schokoladenbraun

Herkunft und Verbreitung: Der Barsoi wurde in Russland zur Wolfsjagd eingesetzt. Seit über 100 Jahren wird er in Deutschland als Begleithund gezüchtet, es gibt Schönheits- und kombinierte Schönheits- und Leistungszuchten.

Wesen: Der Aristokrat unter den Hunden ist sensibel und eigenständig; Unterwürfigkeit ist nicht seine Sache, auch wenn er unter den Windhunden zu den leichter erziehbaren gehört. Im Haus ist der Barsoi ruhig und unaufdringlich. Dies soll aber nicht darüber hinwegtäuschen, dass er einen großen Bewegungsdrang hat, den man in Form von regelmäßigem Fahrradtraining, Ausflügen und idealerweise gelegentlichem Coursing (siehe Glossar) befriedigt. Als ursprünglicher Wolfshetzer ist der Barsoi ein mutiger, mitunter scharfer Mittelstreckenjäger. Mit anderen Tieren, auch fremden Hunden, ist deshalb unter Umständen etwas Vorsicht geboten. Generell lassen sich Barsois gut zu mehreren halten. Wer Freude an einer nicht alltäglichen Hundeerscheinung, ein Gespür für sein spezielles Wesen hat und selbst kein Stubenhocker ist, der wird mit einem Barsoi glücklich. Beim Kauf sollte man darauf achten, dass der Züchter seine Welpen gewissenhaft auf Menschen, Tiere und Alltagssituationen sozialisiert.

Haltung: Wie bei allen großen Rassen mit tiefem Brustkorb können Magendrehungen vorkommen.

 eingeschränkt   einfach   mittel   10–14 Jahre

Basset Hound

FCI-Standard Nr. 163
Größe: 33–38 cm
Gewicht: Rüde 30–32 kg, Hündin 25–28 kg
Farbe: meist dreifarbig (rot-schwarz-weiß)
oder zweifarbig (rot-weiß)

Herkunft und Verbreitung: Ursprünglich in England als Meutehund zur Hasenjagd gezüchtet, ist der Basset seit den 1950er Jahren auch in Deutschland als Familienhund verbreitet. Vereinzelt wird er bei uns jagdlich als Schweißhund geführt.

Wesen: Der Basset ist ein Hund von „träger Lebendigkeit". Er vereint nahezu grenzenlose Menschenliebe mit einer großen Portion Eigensinn. Gehorsamsfanatiker sind keine geeigneten Besitzer für ihn! Als Meutehund braucht der Basset unbedingt engen Kontakt zu seinen Rudelmitgliedern. Vorsicht: Auf Spaziergängen kann der Basset sich leicht von einer Wildfährte verleiten lassen. Er ist agiler, als es auf den ersten Blick scheint. Geeignete Beschäftigungen sind lange Spaziergänge in nicht zu hohem Tempo, ebenso Fährtenarbeit.

Haltung: Für seine Schulterhöhe hat er ein relativ hohes Körpergewicht, ist also ein mittelgroßer bis großer Hund auf kurzen Beinen. Ihn an der Leine zu halten oder zu tragen ist schwerer als bei anderen Rassen der gleichen Schulterhöhe. Seine körperlichen Schwachstellen liegen, bedingt durch seine spezielle Anatomie, im Bereich seines Bewegungsapparates. Wirbelsäule und Gelenke können durch zu frühe oder zu starke Beanspruchung (der Hund sollte bis zu einem Alter von 12 Monaten auf Treppen getragen werden) in Mitleidenschaft gezogen werden. Jedes überflüssige Kilo schadet der Beweglichkeit und Gesundheit des Basset.

 eingeschränkt　　 einfach　　 mittel　　 etwa 12 Jahre

Bayerischer Gebirgsschweißhund

FCI-Standard Nr. 217
Größe: Rüde 47–52 cm, Hündin 44–48 cm
Gewicht: 20–30 kg
Farbe: gelb und rot in allen Schattierungen, meist mit schwarzer Maske

Herkunft und Verbreitung: Speziell für die Anforderungen der Jagdbedingungen in den bayerischen Bergen züchtete man vor etwa 150 Jahren den Bayerischen Gebirgsschweißhund (BGS) aus dem schwereren Hannoverschen Schweißhund und leichteren Brackenschlägen. Der BGS ist ein Spezialist für die Nachsuche von Schalenwild (Rotwild, Wildschweine, Rehwild) und wird bisher fast ausschließlich in Jägerhand abgegeben.
Wesen: Wie die meisten Bracken und Schweißhunde ist der BGS anhänglich und ausgeglichen innerhalb der Familie. Fremden gegenüber ist er eher zurückhaltend. Die Meinungen über seine Eignung als reiner Familienhund gehen auseinander: Die einen sagen, dass die Qualitäten der Rasse als spezialisierter Jagdgebrauchshund nur erhalten bleiben, wenn die Zucht und Haltung in Jägerhand bleibt. Andere meinen, dass gerade sein ausgeglichenes und leichtführiges Wesen, sein vergleichsweise geringer Jagdtrieb (als Spezialist nach dem Schuss) sowie seine mittlere Größe und das pflegeleichte Fell ihn zu einem geeigneten Familien- und Begleithund machen – sofern er ausreichend ausgelastet wird.
Haltung: Sowohl von der Körpergröße als auch von der Fellbeschaffenheit her handelt es sich beim BGS um einen pflegeleichten Hund, der zudem keine rassespezifischen Krankheiten kennt.

	ja		einfach		hoch		11–14 Jahre

Beagle

FCI-Standard Nr. 161
Größe: 33–40 cm
Gewicht: 10–18 kg (je nach Größe)
Farbe: jede Laufhundfarbe außer
leberbraun, weiße Rutenspitze

Herkunft und Verbreitung: Der Beagle wurde ursprünglich in England als Meutehund zur Hasenjagd gezüchtet. Heute gibt es jagdlich orientierte Zuchten und Formzuchten.
Wesen: Ein Rassekenner schrieb einmal: „Der Beagle hat die Dickköpfigkeit eines Teckels – ohne dessen Kauzigkeit." Und tatsächlich ist der Beagle ein Schlitzohr mit dem Gesicht eines Engels. Darum ist viel Konsequenz bei seiner Erziehung nötig. Er wird zwar nur selten versuchen, seinen Willen „mit Gewalt" durchzusetzen, dafür kann es sein, dass er seine Ohren einfach auf Durchzug stellt. Seine Hobbys: Fressen,

wann immer und soviel es geht, und stromern, sooft sich eine Gelegenheit und eine Fährte bieten. Dies sind somit auch die „Schwachstellen", die bei seiner Erziehung und Haltung erhöhte Aufmerksamkeit benötigen. Ein gut erzogener Beagle ist ein reizender Familienhund, verspielt bis ins hohe Alter und begeistert bei allen Aktivitäten dabei. Beagles sind ausgesprochene Meutehunde, je mehr Mitglieder ihr Rudel hat, desto besser. Auch Besucher müssen sich in aller Regel vor einem Beagle nicht fürchten. Achten Sie bei der Züchterauswahl darauf, dass die Welpen ausreichend auf den Menschen geprägt wurden. Beagle können sich sehr auf andere Hunde fixieren.
Haltung: Beagle sind gesundheitlich und auch psychisch robuste Hunde, die leider zu den häufigsten Versuchshunden gehören.

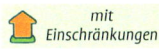 *mit Einschränkungen* 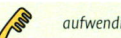 *aufwendig*   *hoch*   *13–15 Jahre*

Bearded Collie

FCI-Standard Nr. 271
Größe: Rüde 53–56 cm, Hündin 51–53 cm
Gewicht: Rüde um 25 kg, Hündin um 20 kg
Farbe: schiefergrau, rehfarbig, schwarz, blau, alle Grautöne, braun und sandfarbig mit und ohne weiße Abzeichen

Herkunft und Verbreitung: Hüte-, Treib- und Wachhund der Schäfer im schottischen Hochland.

Wesen: Der Bearded Collie trat in den 1980/90er Jahren seinen Siegeszug als Familienhund in Deutschland an. Eine plötzlich stark ansteigende Nachfrage hat bisher noch keiner Rasse gut getan, und auch beim „Beardie" gab es schnell Berichte über ängstliche und geräuschempfindliche Hunde. Mittlerweile hat die starke Beliebtheit der Rasse wieder etwas nachgelassen. Heute wird der Beardie von einem festen Liebhaberkreis als fröhlicher Naturbursche geschätzt. Kaufen Sie Ihren Welpen bei einem erfahrenen Züchter und achten Sie auf eine gute Sozialisierung. Bei der Erziehung sollte man diesen eher sensitiven Hund nicht überbehüten. Der ideale Besitzer ist tolerant und gleichzeitig konsequent, der ideale Beardie ist freundlich und einfühlsam, drückt seine Lebensfreude gerne auch akustisch aus. Neben der Bewegung braucht ein Beardie eine Aufgabe, um geistig nicht zu verkümmern bzw. vor lauter Langeweile nicht auf dumme Gedanken zu kommen. Agility und ähnliche Sportarten sind nach seinem Geschmack.

Haltung: Das prächtige Fell (übrigens ein relativ „modernes" Merkmal der Schönheitszuchten) kann leicht verfilzen und erfordert tägliche, nicht zu unterschätzende Pflege. Wie jeder langhaarige Hund kann er viel Schmutz ins Haus bringen, deshalb eignet er sich nur eingeschränkt für Sauberkeitsfanatiker.

eingeschränkt	einfach	hoch	10–12 Jahre

Beauceron (Berger de Beauce)

FCI-Standard Nr. 44
Größe: Rüde 65–70 cm, Hündin 61–68 cm
Gewicht: 30–50 kg
Farbe: schwarz mit roten Abzeichen, harlekin (blue-merle mit roten Abzeichen)

Herkunft und Verbreitung: Die Vorfahren des Beauceron sind französische Schäferhunde. Heute wird er vor allem als Wach-, Schutz- und Begleithund eingesetzt – sowohl von Privatleuten als auch bei Polizei, Zoll und Militär. In seinem Ursprungsland Frankreich ist er weit verbreitet, bei uns werden etwa 80 Welpen pro Jahr eingetragen.

Wesen: Der selbstbewusste, harte und aktive Hund eignet sich nicht unbedingt für Anfänger. Er braucht eine gute Sozialisierung und konsequente Erziehung mit anschließender körperlicher und psychischer Auslastung. Er eignet sich für viele hundesportliche Aktivitäten von Agility über Obedience bis zur Rettungshundeausbildung und Fährtenarbeit und sollte mindestens eine Begleithundeprüfung absolvieren. Fremden gegenüber ist er eher misstrauisch. Auch mit gleichgeschlechtlichen Artgenossen versteht er sich nicht unbedingt auf Anhieb. Seiner Familie gegenüber ist er in der Regel zärtlich und geduldig – eine konsequente Erziehung und Auslastung vorausgesetzt.

Haltung: Der große, stockhaarige Berger de Bauce ist eher pflegeleicht, haart aber vor allem während des Fellwechsels stark. Wie auch die anderen französischen Schäferhunde hat der Beauceron doppelte Wolfskrallen, die regelmäßig kontrolliert werden sollten, um ein Einwachsen zu verhindern. Um Magendrehungen vorzubeugen, sollte er seine Mahlzeiten auf mehrere kleine Portionen täglich verteilt bekommen.

eingeschränkt   einfach bis mittel   mittel bis hoch   12–15 Jahre

Belgischer Schäferhund (Groenendael, Tervueren, Malinois, Laekenois)

FCI-Standard Nr. 15
Größe: Rüde 60–66 cm, Hündin 56–62 cm
Gewicht: Rüde 25–30 kg, Hündin 20–25 kg
Farbe: Groenendael: einfarbig schwarz (langhaarig), Tervueren: rotbraun oder grau mit schwarzer Maske (langhaarig), Malinois: rotbraun mit schwarzer Maske (stockhaarig), Laekenois: rotbraun (rauhaarig)

Herkunft und Verbreitung: Ähnlich dem Deutschen Schäferhund wurden die Vorfahren des Belgiers ursprünglich als Hüte- und Wachhunde eingesetzt. Heute ist der kurzhaarige Malinois in Deutschland am weitesten verbreitet, gefolgt von den langhaarigen Belgiern. Nur selten trifft man den rauhaarigen Laekenois.

Vereinzelt gibt es schwarze kurzhaarige Belgische Schäferhunde, sogenannte schwarze Malinois. Als „Arbeitstervueren" bezeichnet man rotbraune langhaarige Belgier, die gezielt auf Leistung gezüchtet werden und an langhaarige Malinois erinnern.

Wesen: Vor allem die langhaarigen Belgier sind sportliche und liebevolle Familienhunde. Der kurzhaarige Malinois wird zunehmend von öffentlichen Dienststellen und privaten Hundesportlern gleichermaßen als Hochleistungs-Sporthund geschätzt. Als Polizeihund hat er den Deutschen Schäferhund wegen seiner Furchtlosigkeit und Triebstärke, aber auch wegen seiner robusten Gesundheit, eingeholt. Aus diesem Grunde lässt er sich als reiner Familienhund nur mit Einschränkung empfehlen. Sehr sorgfältig sollte hier die Zuchtstätte ausgesucht werden, um nicht nachher mit einem Hund, dessen Leistungswillen und -bereitschaft man nicht genügen kann, überfordert zu sein. Ein gut

sozialisierter und aufgezogener Belgier aus seriöser Zucht ist ein wundervoller Familienhund, der mit seinem Menschenrudel durch dick und dünn geht, sich mit etwas Fingerspitzengefühl sehr leicht erziehen lässt und zudem ein guter Wächter ist. Legendär ist seine Verspieltheit bis ins hohe Alter. Belgische Schäferhunde sind relativ spätreif, vor allem die Langhaarschläge dürfen wegen ihrer Sensibilität weder zu streng behandelt und erzogen noch überbehütet werden – beides könnte zu einem ängstlichen Hund führen.

Belgische Schäferhunde eignen sich für fast jede Art von Hundesport, von Agility über Unterordnungswettbewerbe bis hin zur Rettungshundeausbildungen können sie Spitzenleistungen bringen.

Haltung: Die langhaarigen Schläge müssen vor allem während des Fellwechsels regelmäßig gebürstet werden. Den Laekenois muss man zweimal jährlich etwas trimmen. Insgesamt ist die Rasse aber eher pflegeleicht. In manchen Zuchtlinien kommt Epilepsie vor. Wie bei allen größeren Rassen sollte auf HD-freie Elterntiere geachtet werden.

Foto diese Seite: Groenendael
Foto vorhergehende Seite: Malinois

 Nein   mittel   mittel   etwa 11 Jahre

Berner Sennenhund

FCI-Standard Nr. 45
Größe: Rüde 64–70 cm, Hündin 58–66 cm
Gewicht: Rüde 45–55 kg, Hündin 35–45 kg
Farbe: schwarz mit symmetrischen roten und weißen Abzeichen

Herkunft und Verbreitung: Der Berner stammt von schweizer Treib-, Wach- und Zughunden ab. Seit einigen Jahrzehnten ist er auch in Deutschland ein beliebter Familienhund.
Wesen: Als ehemaliger Bauernhund ist der Berner auch heute noch eifrig und arbeitsfreudig, wenn auch ohne das quirlige Temperament seiner kleineren Verwandten Appenzeller und Entlebucher Sennenhund. Welche Beschäftigungen für ihn geeignet sind, hängt von seiner Konstitution ab: Es gibt leichtere Berner, die sich für Agility oder eine Rettungshundeausbildung eignen. Daneben gibt es einen schwereren Typ, dem eher die ruhige Gangart wie etwa bei der Fährtenarbeit liegt. Der moderne Berner ist ein menschenfreundlicher Hund mit eher hoher Reizschwelle. Achten Sie bei der Züchterauswahl auf eine gute Sozialisierung der Welpen auf Menschen und Alltagssituationen.
Haltung: Sein Fell ist länger als das der anderen Sennenhunde, was ihn etwas hitzeempfindlicher macht. Den Aufenthalt im Freien zieht er einer überheizten Stube vor, am allerliebsten natürlich in Gesellschaft seiner Menschen! Die Zuchtvorschriften der VDH-Zuchtvereine sind, das Wesen und die Gesundheit betreffend, sehr streng. Dennoch gibt es leider immer wieder Fälle von Nierenversagen, Krebs und auch Gelenkproblemen, die die durchschnittliche Lebenserwartung der Rasse senken.

Nein 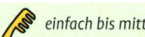 einfach bis mittel   niedrig bis mittel   8–10 Jahre

Bernhardiner (St. Bernhardshund)

FCI-Standard Nr. 61
Größe: Rüde 70–90 cm, Hündin 65–80 cm (oft größer)
Gewicht: 70–85 kg (je nach Größe und Typ)
Farbe: weiß mit rotbraunen Platten oder Mantel, gestromtes Rotbraun zulässig

Herkunft und Verbreitung: Seinen Ruf als Lawinenhund hat der Bernhardiner von den Hunden des Hospizes auf der Passhöhe St. Bernhard. Mit diesem alten Hospizhund hat der heutige „Bernie" allerdings nicht mehr viel gemeinsam. Die früheren Hunde waren gut 30 kg leichter und kurzstockhaarig. Neben diesen kurzhaarigen Hunden sieht man heute vor allem langhaarige Bernies.

Wesen: Heute ist der Bernhardiner ein Familienhund, der regelmäßige Aktivitäten schätzt, aber auch Lager- und Ruhepausen in seinem Heim liebt. Seine sprichwörtliche Kinderliebe entfaltet er, wenn er mit Kindern aufwächst. „Seine" Kinder behütet er dann auch so zuverlässig, dass man bisweilen Fremde vor ihm beschützen muss! Deshalb kann der Wert einer soliden Sozialisierung und einer konsequenten Erziehung nicht hoch genug eingeschätzt werden.

Haltung: Beim „Bernie" ist alles riesig: Von der Ausstattung (Halsband, Hundehütte etc.) über die Futtermenge bis zum Platzbedarf zu Hause und im Auto. Natürlich auch die Kothaufen und die Speichelfäden, ebenso sein Stimmvolumen. Für die Haltung muss man zudem ein gewisses Maß an Körperkraft mitbringen. Leider sind Bernhardiner nicht sehr langlebig. Neben Gelenkproblemen kommen Herzprobleme und Knochenkrebs vor.

 Ja

 mittel bis aufwendig

 niedrig bis mittel

 etwa 15 Jahre

Bichons (Malteser, Havaneser, Bologneser, Bichon à poil frisé und Löwchen)

FCI-Standard Nr.: Malteser 65, Havaneser 250, Bologneser 196, Bichon à poil frisé 215, Löwchen 233

Größe: Malteser max. 25 cm, Havaneser max. 29 cm, Bichon frisé und Bologneser max. 30 cm, Löwchen max. 32 cm

Gewicht: Bologneser und Malteser max. 4 kg, Havaneser max. 6 kg, Löwchen max. 8 kg

Farbe: Malteser, Bologneser, Bichon frisé: weiß. Havaneser: weiß, beige, braun, grau oder schwarz, einfarbig oder weiß gescheckt. Löwchen: alle Farben außer leberbraun

Herkunft und Verbreitung: Die Bichons stammen von kleinen, langhaarigen Hunden rund um das Mittelmeer ab, viele Mittelmeeranrainerstaaten haben ihre eigene Bichonrasse. „Bichon" ist das französische Wort für Schoßhündchen. In der Welpenstatistik des VDH hat der Havaneser den beliebten Malteser mittlerweile überrundet, am seltensten sind der Bologneser und das Löwchen. In Amerika ist der Bichon à poil frisé eine weit verbreitete Rasse.

Wesen: Bichons werden seit vielen Generationen als reine Begleithunde gezüchtet. Dies macht sie zu fröhlichen und anschmiegsamen Gefährten, die in der Regel anpassungsfähig und wachsam, aber keine übermäßigen Kläffer sind. Auch wenn sie noch so klein und niedlich sind, darf man nicht vergessen, dass sie Hunde und keine Lifestyle-Accessoires sind. Eine gute Sozialisierung und Kontakt zu Artgenossen sollten auch für sie selbstverständlich sein. Sie fühlen sich durchaus mit ein paar kleineren Runden am Tag

wohl, wichtig ist ihnen vor allem, in der Nähe ihrer Bezugsperson zu sein und viel Zuwendung zu bekommen. Wer kleine Kinder hat oder ein sportlicher Typ ist, sollte sich eher für einen kräftigen Havaneser oder ein Löwchen als einen zierlichen 3-kg-Malteser entscheiden. Es gibt bei allen Bichonrassen sehr unterschiedliche Zuchtlinien, Größe und Gewicht der ausgewachsenen Tiere können stark variieren. Sie sollten im Zweifelsfall mehrere Züchter aufsuchen, um den Hund zu finden, der am besten zu Ihnen passt.

Haltung: Der Malteser und der Havaneser haben langes, glattes Deckhaar, Bichon frisé und Bologneser hingegen Locken. Um sie sauber und gepflegt zu halten, ist eine regelmäßige und gründliche Fellpflege nötig. Wer davor zurückschreckt, sollte sich eher für eine kurzhaarige Rasse entscheiden. Ein Bichon verfilzt nämlich schnell und beginnt zu stinken, wenn die Anal- und Genitalregion nicht sauber gehalten wird. Die besonders leichtgewichtigen Schläge dieser Hunde sind nichts für ein uriges Leben auf dem Bauernhof, sondern eher geeignet für ein behütetes Leben in einer Wohnung. Behüten darf man jedoch nicht mit Verzärteln verwechseln – auch ein Bichon braucht regelmäßig Bewegung, nicht nur bei Sonnenschein, und eine konsequente Grunderziehung schadet auch dem kleinsten Hund nicht! Gesundheitlich neigen manche Bichons zu Bandscheibenproblemen. Viele sind sehr wählerische Fresser, die leicht mit Durchfall reagieren. Ab und zu treten Probleme mit verengten Tränen-Nasen-Kanälen auf, die dann zu braunen Spuren unter den Augen führen. Pflege brauchen auch die Zähne, besonders die sehr kleinen und leichten Bichons neigen zu Zahnstein und vorzeitigem Zahnverlust.

Foto diese Seite: Bichon frisé
Foto vorhergehende Seite: Havaneser

 eingeschränkt mittel mittel bis hoch etwa 10 Jahre

Bluthund (Bloodhound, Chien de Saint Hubert)

FCI-Standard Nr. 84
Größe: Rüde circa 68 cm,
Hündin circa 62 cm
Gewicht: Rüde 46–54 kg, Hündin 40–48 kg
Farbe: black-and-tan (schwarz-loh),
liver-and-tan (braun-loh), rot

Herkunft und Verbreitung: Der Bluthund geht auf Laufhunde zurück, die seit vielen Jahrhunderten in den Ardennen gezüchtet wurden. Im 11. Jahrhundert wurden sie nach England importiert und dort zum modernen Bloodhound gezüchtet.
Wesen: Entgegen seines „blutrünstigen" Namens ist der Bluthund sehr menschenfreundlich, sanftmütig und verträglich mit Artgenossen. Der eher spätreife Vierbeiner ist sensibel und eigensinnig bis hin zur Sturheit – und dabei sehr ausdauernd. Seine Erziehung erfordert deshalb Konsequenz, Einfühlungsvermögen und eine klare Rangordnung. Die ausgezeichnete Nase und sein Spurwille prädestinieren ihn für fährtensportliche Einsatzgebiete wie die personenbezogene Suche nach Individualgeruch (Mantrailing). Als reiner Familienhund eignet sich die Rasse nicht. Der Freilauf erfordert erhöhte Aufmerksamkeit des Halters und ist bei Hunden, die auf Spurensuche trainiert werden, teilweise kaum noch möglich.
Haltung: Bluthunde sabbern und haben einen ausgeprägten Eigengeruch – das mag nicht jeder Hundefreund. Die Lefzen sollten nach jedem Trinken abgetrocknet werden, die Augen werden täglich gereinigt, Ohren und Wamme regelmäßig kontrolliert. Die großrahmige Rasse neigt zu Magendrehungen und sollte ihr Futter auf mehrere kleine Rationen täglich verteilt bekommen.

 eingeschränkt   aufwendig   mittel   etwa 11 Jahre

Bobtail
(Old English Sheepdog)

FCI-Standard Nr. 16
Größe: Rüde mind. 61 cm,
Hündin mind. 56 cm
Gewicht: 30–40 kg
Farbe: grau mit weiß

Herkunft und Verbreitung: Ursprünglich trieb und bewachte er Schafe in England, vor etwa fünfzig Jahren avancierte er zum beliebten Familien- und Ausstellungshund.
Wesen: Bobtails sind sportliche Hunde, eine harte Hand allerdings vertragen sie nicht. Dies bedeutet nicht, dass sie unschuldige „Seelchen" sind, denn vor allem die Rüden können mitunter recht dominant werden. Für eine Abrichtung im herkömmlichen Sinn eignen sie sich nicht. Geeignet sind Hundesportarten wie Agility, Obedience etc.

Haltung: Sein apartes Äußeres sowie sein Ruf als Kinderhund ließen seine Fangemeinde in den 1980ern schnell wachsen. Was allerdings oft heruntergespielt wurde, ist die aufwendige und zeitintensive Fellpflege. Dabei ist es nicht jedermanns Sache, nach jedem Spaziergang Pflanzenteile und Kotreste aus dem Fell sowie nach jedem Fressen Futterreste aus dem Bart des Bobtails zu entfernen. Bitten Sie am besten vor dem Kauf Ihren Züchter, Ihnen die Pflegeprozedur genau zu zeigen. Überlegen Sie sich dann, ob Sie bereits sind, dies auch zu Hause mit dem Junghund zu üben und ein Hundeleben lang zu praktizieren.
Vereinzelt gibt es taube Bobtails und solche mit dem MDR1-Defekt (siehe Glossar). Manche Bobtails kommen mit einem Stummelschwanz auf die Welt. Für alle anderen gilt, dass seit 1998 in Deutschland die Rute nicht mehr kupiert werden darf.

 nein   mittel   mittel   **?** etwa 8 Jahre

Bordeauxdogge (Dogue de Bordeaux)

FCI-Standard Nr. 116
Größe: Rüde 60–68 cm, Hündin 58–66 cm
Gewicht: Rüde mind. 50 kg,
Hündin mind. 45 kg
Farbe: falb in allen Abstufungen, mit oder
ohne schwarze oder braune Maske

Herkunft und Verbreitung: Die Bordeauxdogge geht auf alte Doggenschläge zurück, die in vielen europäischen Ländern als Schutz- und Jagdhunde gehalten wurden. Seit dem Film „Scott & Huutsch" stiegen der Bekanntheitsgrad der Rasse und die Welpenzahlen deutlich an.

Wesen: Bordeauxdoggen sind eher ruhige Hunde. Bei guter Sozialisierung sind sie freundlich zu Menschen und Tieren, dabei sensibeldickköpfig, was eine sanfte und zugleich konsequente Erziehung erfordert. Die Erziehung zum Grundgehorsam ist bei Hunden dieses Formats ein Muss! Sie sind nicht geeignet für sportliche Höchstleistungen, eher Begleiter moderater Aktivitäten. Wie viele großrahmige Rassen ist die Bordeauxdogge eher spätreif, sowohl körperlich als auch psychisch.

Haltung: HD und ED (siehe Glossar) sind leider recht verbreitet, auch Herzerkrankungen kommen vor. Achten Sie bei der Welpenauswahl auf gut geöffnete Nasenlöcher, bei verengten Nasenlöchern könnte der Hund unter dem brachycephalen Syndrom (siehe Glossar) leiden. Wie bei allen großrahmigen Rassen sollte auch die Bordeauxdogge ihr Futter auf mehrere kleine Portionen täglich verteilt bekommen, um Magendrehungen vorzubeugen. In manchen Bundesländern müssen Bordeauxdoggen einen Wesenstest absolvieren, um ohne Auflagen gehalten werden zu können.

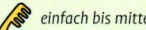

| eingeschränkt | einfach bis mittel | hoch | 12–15 Jahre |

Border Collie

FCI-Standard Nr. 297
Größe: Rüde 53 cm, Hündin etwas weniger
Gewicht: 16–23 kg
Farbe: meist schwarz-weiß, viele andere
Farben erlaubt

Herkunft und Verbreitung: Der Border Collie ist der „klassische" britische Hütehund für Schafe. Seit den 1990er Jahren ist er ein beliebter Familienhund in Deutschland.

Wesen: Als reiner Familienhund sind viele Border Collies unterfordert. Der lerneifrige und unermüdliche Arbeitshund braucht unbedingt eine Aufgabe: Das kann Agility sein, Obedience, eine Ausbildung als Rettungshund oder natürlich das Hüten. Sprechen Sie unbedingt ausführlich mit dem Züchter über die Anforderungen dieser Rasse. Typisch ist die geduckte Körperhaltung und der fixierende Blick: eine angeborene, keine erlernte Verhaltensweise. Neben der Unterforderung kann bei dieser Rasse auch die Überforderung zum Problem werden: Ball- und Frisbeespiele sind (nach dem Hüten) für ihn das Höchste. Hier sollte der Besitzer von Anfang an Maß halten und immer wieder feste Ruhephasen verordnen, um keinen „spielsüchtigen" Hund zu erziehen. Das äußerst hübsche und niedliche Erscheinungsbild lässt schnell vergessen, dass der Border Collie ein absolutes Energiebündel ist.

Haltung: Gesundheitlich ist der Border Collie recht robust, vereinzelt treten erbliche Augenerkrankungen, HD sowie der MDR1-Defekt (siehe Glossar) auf. Manche Border Collies, vor allem aus schlechter, reizarmer Aufzucht sind lärmempfindlich.

ja   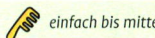 einfach bis mittel   mittel bis hoch   etwa 14 Jahre

Border Terrier

FCI-Standard Nr. 10
Größe: Rüde 33–36 cm, Hündin 32–35 cm
Gewicht: Rüde 5,9–7,1 kg,
Hündin 5,1–6,4 kg (meist etwas mehr)
Farbe: graumeliert, rot, weizenfarben, blau

Herkunft und Verbreitung: Der Border Terrier stammt aus Großbritannien und treibt bei der Fuchsjagd den Fuchs aus seinem Versteck. In Deutschland lebt er zunehmend als beliebter Familienhund.
Wesen: Der Border Terrier ist ein typischer Terrier und kann ein beachtliches Temperament an den Tag legen. Wegen seines oft ausgeprägten Jagdtriebes neigt er zum Streunen und Wildern. Deshalb ist eine sorgfältige Erziehung zum Grundgehorsam wichtig. Ein Stubenhocker sollte man als Besitzer nicht sein, ein allzu nervöses Temperament jedoch auch nicht ha-

ben – dies würde den ohnehin agilen Hund zu sehr aufdrehen. Ausgeglichenheit, Naturliebe und die Bereitschaft, den Hund sinnvoll mit intelligenten Tätigkeiten wie Agility, Fährtenarbeit etc. zu beschäftigen (nicht mit stundenlangem Bällchenwerfen), sind die idealen Voraussetzungen. Border Terrier sind menschenfreundliche und gesellige Hunde, die sich meist gut mit Artgenossen verstehen. Informieren Sie sich vor der Anschaffung sorgfältig und besuchen Sie am besten einige Border Terrier-Halter, um sicherzugehen, dass die Rasse zu ihnen passt.
Haltung: Der Border Terrier ist als unverzüchteter Naturbursche in handlichem Format unkompliziert in Haltung und Pflege. In manchen Linien treten Krampfanfälle auf.

| ja | einfach | mittel | 12–14 Jahre |

Boston Terrier

FCI-Standard Nr. 140
Größe: 30–39 cm
Gewicht: 3 Klassen: unter 6,8 kg, 6,8–9 kg, 9–11,3 kg
Farbe: gestromt, schwarz oder seal (rötlich schwarz) mit weißen Abzeichen

Herkunft und Verbreitung: Der Boston Terrier ist kein Terrier, sondern gehört zu den doggenartigen Hunden. Er wurde in den USA vor rund 140 Jahren aus der Englischen Bulldogge und dem Weißen Englischen Terrier gezüchtet. Er wurde und wird vor allem als Begleithund gehalten.

Wesen: Bostons sind ausgeglichene, freundliche und selbstbewusste Hunde. Sie sind gelehrig und wachsam, dabei keine Kläffer. Schoßhunde sind sie nicht, sondern eher kompakte Kraftpakete – ein wenig erinnern sie an Boxer im Klein-

format. Der Boston Terrier ist ein sehr liebenswürdiger Hund, der auch auf Fremde freundlich zugeht. Die Rasse passt sich gut an verschiedene Umstände an, sie eignet sich sowohl für rüstige ältere Menschen als auch für Familien. In der Regel verstehen Bostons sich gut mit Kindern, sie eignen sich auch für hundesportliche Aktivitäten wie Agility oder Obedience.

Haltung: Wie bei allen kurzköpfigen Rassen sollte man bei der Auswahl auf gut geöffnete Nasenlöcher und einen nicht zu kurzen Nasenrücken achten. Manche Boston Terrier erkranken an juvenilem Katarakt, mittlerweile steht ein Gentest für diese Krankheit zur Verfügung. Fragen Sie beim Kauf, ob die Elterntiere entsprechend getestet sind. Vereinzelt tritt auch Patellaluxation (siehe Glossar) auf.

 eingeschränkt   einfach   hoch   8–10 Jahre

Boxer

FCI-Standard Nr. 144
Größe: Rüde 57–63 cm, Hündin 53–59 cm
Gewicht: Rüden über 30 kg,
Hündin etwa 25 kg
Farbe: gelb, gestromt

Herkunft und Verbreitung: Seine Vorfahren wurden in Deutschland zur Bullenhatz eingesetzt.
Wesen: Der Boxer ist und war nie ein Modehund, sondern hat langjährige Fans, die ihm eisern die Treue halten. Es gibt sehr selten Boxer mit unangenehmem Charakter, meist sind sie begeisterte Menschenfreunde und sprühen nur so vor Lebensfreude. Ängstliche Boxer haben Seltenheitswert. Verglichen mit den Tieren aus den Anfängen der Zuchtgeschichte sind die heutigen Boxer etwas feinnerviger und im äußeren Erscheinungsbild stromlinienförmiger. Manche Boxer sind recht rauflustig, dies kann einen Spa-

ziergang in hundereicher Gegend schon einmal zum Spießrutenlauf werden lassen. Es ist sehr wichtig, mit dem Boxer einen soliden Unterordnungskurs zu besuchen, und ihn möglichst viele (positive) Erlebnisse mit anderen Hunden während seiner Welpen- und Junghundzeit sammeln zu lassen. Ein Boxer kann eine enorme Kraft entwickeln. Deshalb ist es wichtig, ihn nicht nur psychisch, sondern auch physisch unter Kontrolle zu haben.
Haltung: Boxer sind recht temperaturempfindlich und sollten nicht ausschließlich im Freien gehalten werden. Leider gibt es beim Boxer einige Krankheiten: Hierzu gehören vor allem bestimmte Herz-Kreislauferkrankungen und Spondylose (siehe Glossar). Es wird empfohlen, Boxer ab dem fünften Lebensjahr jährlich auf Herzmuskelerkrankungen untersuchen zu lassen.

 eingeschränkt

 mittel bis aufwendig

 hoch

 10–12 Jahre

Briard (Berger de Brie)

FCI-Standard Nr. 113
Größe: Rüde 62–68 cm, Hündin 56–64 cm
Gewicht: 30–40 kg
Farbe: schwarz, grau, fauve (blond-braun)

Herkunft und Verbreitung: Französischer Hirtenhund, der zum Treiben der Schafherden und als Wachhund eingesetzt wurde. In Deutschland werden etwa 500 Welpen pro Jahr gezüchtet.

Wesen: Der Briard ist temperamentvoll und aktiv, viele dieser Hunde werden erfolgreich im Agility geführt. Für aktive, ausgeglichene Naturfreunde ist der Briard ein unermüdlicher und treuer Begleiter, der zudem einen natürlichen Wach- und Schutztrieb hat. Grunderziehung ist bei einem Hund dieses Formats unerlässlich, ebenso die konsequente Einordnung ins „Familienrudel", da vor allem Rüden recht dominant sein können. Achten Sie beim Kauf auf eine gute Sozialisierung. Fremden gegenüber ist er eher zurückhaltend. Der Briard ist kein Hund für Anfänger!

Haltung: Die Fellpflege erfordert Zeit und eine rechtzeitige Gewöhnung des Junghundes an das Pflegeritual. Nach jedem Spaziergang gehört es dazu, das Fell auf hängen gebliebene Stöckchen und andere Fremdkörper zu untersuchen. Die langen Haare über den Augen müssen eventuell etwas gekürzt oder hochgebunden werden. Wie alle großen Langhaarhunde bringt der Briard je nach Wetter eine Menge Schmutz ins Haus, ist also nichts für Sauberkeitsfanatiker. Typisch für die Rasse sind doppelte Wolfskrallen an den Hinterläufen, diese sollten ab und zu kontrolliert und bei Bedarf gekürzt werden.

 eingeschränkt

 einfach

 gering bis mittel

 7–10 Jahre

Bullmastiff

FCI-Standard Nr. 157
Größe: Rüde 63,5–68,5 cm,
Hündin 61–66 cm
Gewicht: Rüde 49,9–59 kg,
Hündin 41–49,9 kg
Farbe: gestromt, rehbraun oder rot mit
schwarzer Maske

Herkunft und Verbreitung: Der Bullmastiff (BM) ist eine recht junge Rasse, seine Entstehung datiert um 1880. Er wurde in Großbritannien aus den bereits bestehenden Rassen Bulldogge und Mastiff gezüchtet und diente als Schutzhund der Wildhüter.

Wesen: BM sind menschenfreundliche und anhängliche Hunde, eignen sich aber nicht für jedermann. Alleine aufgrund ihrer Kraft und Größe sollte der Besitzer standfest und konsequent sowie die Kinder im Haushalt schon etwas älter

(ab 7 Jahre) sein. Manche BM vertragen sich nicht mit gleichgeschlechtlichen Artgenossen. Der Bullmastiff ist zwar lernfähig, neigt jedoch zu einer gewissen Dickköpfigkeit. BM eignen sich nicht als Sporthunde. Als BM-Besitzer muss man sich bewusst sein: Ein Hund dieses Kalibers verängstigt manche Menschen und sollte in der Öffentlichkeit nur einen positiven Eindruck hinterlassen.

Haltung: Wie alle brachyzephalen (siehe Glossar) Rassen sind BM hitzeempfindlich. Ebenso sollten Narkosen möglichst nur von einem erfahrenen Tierarzt durchgeführt werden. Gelenk- und Herzprobleme kommen vor, ebenso neigen manche BM zu Hauterkrankungen. Zur Verminderung des Magendrehungsrisikos verteilt man das Futter auf mehrere kleine Rationen täglich. Beachten Sie, dass Bullmastiffs in manchen Bundesländern einen Wesenstest absolvieren müssen, um ohne Auflagen gehalten werden zu können.

	ja		einfach		mittel		10–12 Jahre

Bullterrier und Miniaturbullterrier

FCI-Standard Nr. 11
Bullterrier: laut Standard keine Größen- oder Gewichtsgrenzen
Miniaturbullterrier: Größe nicht über 35,5 cm, Gewicht 10–15 kg
Farbe: weiß, gestromt, schwarzgestromt, rot, rehbraun, jeweils ohne oder mit weißen Abzeichen (der Farbanteil muss vorherrschen), tricolor

Herkunft und Verbreitung: Der Bullterrier entstand in England aus einer Kreuzung von Bulldog und Terrier. Seine Ahnen wurden in Tierkämpfen eingesetzt.

Wesen: Der Bullterrier hat etwas Humorvolles, Clownhaftes an sich. Fast alle „Bullis" sind sehr menschenfreundlich, zärtlich und verspielt. Es gibt leichter gebaute Hunde vom Terriertyp, die viel Temperament und Bewegungsfreude haben. Andere entsprechen dem massiveren Bulldog-Typ. Viele Bullis vertragen sich nicht gut mit gleichgeschlechtlichen Artgenossen, Rudelhaltung kommt also nicht für jeden Bulli infrage. Achten Sie beim Kauf auf die Verträglichkeit der Elterntiere und eine gewissenhafte Sozialisierung der Welpen. Als Besitzer sollte man selbstsicher, standfest und tolerant sein, denn oft wird man mit einem Bulli an der Leine in der Öffentlichkeit angefeindet.

Haltung: Weiße Bullis neigen zu Hautproblemen, sie können mitunter auch taub sein. Erkundigen Sie sich unbedingt, unter welchen Auflagen in Ihrem Bundesland die Haltung erlaubt ist. Im Mehrfamilienhaus sollten Sie vor dem Kauf die schriftliche Genehmigung des Vermieters und der anderen Mitparteien einholen.

 ja   mittel   mittel   etwa 15 Jahre

Cairn Terrier

FCI-Standard Nr. 4
Größe: 28–31 cm
Gewicht: 6–7,5 kg
Farbe: creme, weizenfarben, rot, grau,
gestromt

Herkunft und Verbreitung: Der Cairn Terrier geht auf schottische Terrier zurück, die zur Jagd auf Raubzeug (Fuchs, Marder, Ratten etc.) eingesetzt wurden. Er ist verwandt mit dem „Westie", mit etwa 700 Welpen pro Jahr aber (noch) nicht ganz so populär wie dieser.

Wesen: Er ist kein Hund, mit dem man auffällt – gerade das macht ihn vielleicht so sympathisch. Auch sein Wesen entspricht eher dem gesunden Mittelmaß: Er hat zwar eine gehörige Portion Temperament, doch fehlt ihm das manchmal etwas hysterische Wesen anderer Terrier. Generell ist er sehr bewegungsfreudig und nimmt begeis-tert an allen Aktivitäten teil. Eine konsequente Grunderziehung ist wichtig: Ein „antiautoritär" gehaltener Cairn kann durchaus versuchen, an die Spitze der Rangordnung zu gelangen. Mit der richtigen Erziehung und Auslastung ist er kerniger Männerhund, zärtlicher Frauenhund und verspielter Kinderhund in einem.

Haltung: Das Fell ist insgesamt nicht sehr pflegeintensiv, sofern man ihn drei- bis viermal jährlich von einem Fachmann trimmen lässt bzw. dies nach entsprechender Anleitung selber übernimmt. Keinesfalls sollte man ihn einfach scheren lassen, Hautprobleme können die Folge sein. Cairn Terrier sind gute Futterverwerter, achten Sie daher auf ein hochwertiges und nicht zu eiweißreiches Futter. Sonst droht schnell Übergewicht mit entsprechenden gesundheitlichen Problemen.

| ja | einfach | mittel | etwa 11 Jahre |

Cavalier King Charles Spaniel

FCI-Standard Nr. 136
Größe: etwa 30–33 cm
Gewicht: 5,5 bis circa 8 kg
Farbe: rot-weiß, tricolor, rot, black-and-tan

Herkunft und Verbreitung: In England wird der Cavalier seit Jahrhunderten als Begleithund gehalten und ist dort weit verbreitet. In Deutschland werden knapp unter 1000 Welpen pro Jahr gezüchtet.

Wesen: Der Cavalier macht seinem Namen alle Ehre: Er ist freundlich und sanft, in der Regel ohne jede Streitlust. Dieser Hund lässt sich mit recht geringem Aufwand erziehen, da er sehr empfänglich für Lob und sensibel für Stimmungen ist. Der fröhliche Cavalier eignet sich auch gut für ältere Menschen, denn sein Bewegungsdrang hält sich in Grenzen und im Notfall lässt er sich auch gut einmal tragen. Da er seit vielen Generationen ausschließlich als Begleithund gehalten wird, ist sein Jagdtrieb weniger stark ausgeprägt als bei anderen Spanielrassen. Er lässt sich, je nach sportlicher Motivation seines Besitzers, für vielfältige Aktivitäten begeistern. Seine überschwängliche Freundlichkeit sollte man zu schätzen wissen: Für Grobheiten und unwirsche Behandlung ist dieser nette kleine Kerl wirklich zu schade und die stete Aufmerksamkeit, die er fordert, sollte man ihm gerne widmen.

Haltung: Einige Hunde leiden an Herzklappeninsuffizienz, ab und zu treten Störungen des Nervensystems auf (Syringomyelie, siehe Glossar), und auch Bandscheiben- und Kniescheibenvorfälle kommen vor. Die VDH-Zuchtclubs engagieren sich in der Bekämpfung dieser Krankheiten.

eingeschränkt   einfach   hoch   10–14 Jahre

Chesapeake Bay Retriever

FCI-Standard Nr. 263
Größe: Rüde 58–66 cm, Hündin 53–61 cm
Gewicht: Rüde 29,5–36,5 kg,
Hündin 25–32 kg
Farbe: darkbrown, brown, lightbrown,
sedge und deadgrass (Braun in
verschiedenen Schattierungen bis hin zu
Gelb)

Herkunft und Verbreitung: Der aus den USA stammende „Chessie" wurde und wird als Apportierhund auf Wassergeflügel eingesetzt. In den letzten zehn Jahren stieg seine Verbreitung in Deutschland stark an, er wird zunehmend als vielseitiger Jagdgebrauchshund eingesetzt.
Wesen: Der Chessie besitzt einen natürlichen Wach- und Schutztrieb, der ihn Fremden gegenüber nicht ganz so überschwänglich auftreten lässt wie die anderen Retrieverrassen. Als Jagd-

gebrauchsrasse muss ein Chessie unbedingt ausgelastet werden: physisch durch ausreichend Bewegung und psychisch durch eine seinen Anlagen entsprechende Beschäftigung. Geeignet sind etwa Dummy-Training, aber auch Fährtenarbeit oder Obedience. Chessies sind sehr führerbezogen, früher galten sie als „Ein-Mann-Hunde". Sie gehören zu den eher spätreifen Rassen, die Erziehung erfordert also Geduld und Konsequenz.
Haltung: Wie bei fast allen größeren Rassen kommt auch beim Chesapeake Bay Retriever HD und ED (siehe Glossar) vor – lassen Sie sich vor dem Welpenkauf nachweisen, dass die Elterntiere darauf untersucht wurden. Das gewellte Haar ist leicht talgig, wodurch es wasserabstoßend ist, was bei der Arbeit in Eiswasser und Sumpfgelände von Vorteil ist. Um diesen natürlichen Schutzfilm zu erhalten, sollten Sie Ihren Chessie nur shampoonieren, wenn es unbedingt nötig ist.

ja   einfach   mittel   etwa 15 Jahre

Chihuahua

FCI-Standard Nr. 218
Größe: 18–23 cm
Gewicht: 1,5–3 kg
Farbe: alle Farben

Herkunft und Verbreitung: In Mexiko sind
Zwerghunde seit Jahrhunderten bekannt. Es gibt
Kurz- und Langhaar-Chihuahuas.
Wesen: Der Chihuahua ist ein temperamentvoller, sensibler und anhänglicher Hund. Leider
wird er nicht selten als „lebende Puppe" oder
Modeaccessoire angeschafft. Der „Chi" ist sehr
intelligent, lernfreudig und sollte sich mindestens zwei Stunden täglich an der frischen Luft
bewegen können. Natürlich muss man auf seine
Größe Rücksicht nehmen: Tobespiele mit ungestümen großen Hunden, Fahrradtouren etc. sind
für ihn nicht ungefährlich. Mit anderen klein-
rassigen Hunden darf und soll er hingegen viel
Kontakt haben. Grundgehorsam und eine gute
Sozialisierung ist auch für den Chi wichtig, um
weder einen überängstlichen noch größenwahn-
sinnigen Hund heranzuziehen. Chihuahuas lassen sich sehr gut zu zweit oder im Rudel halten.
Haltung: Achten Sie beim Kauf auf einen Züchter, der nicht mit extrem verzwergten Hunden
züchtet und wirbt (Mindestgewicht für die
Zucht: 2 kg). Extrem kleine Chihuahuas haben
häufig gesundheitliche Probleme, wie zum Beispiel Hypoglykämie (Unterzuckerung), die etwa
durch Stress ausgelöst werden kann. Wie alle
Zwergrassen neigt der Chihuahua zu Zahnstein
und Zahnausfall, Patellaluxation und Trachealkollaps (siehe Glossar) können auftreten. Die
offene Fontanelle (Spalt in der Schädeldecke)
wird heute glücklicherweise nicht mehr als
Rassemerkmal gefordert. Alle Medikamente,
auch Antiparasitika, müssen genau berechnet
werden, um Vergiftungen zu vermeiden.

 ja

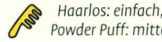 Haarlos: einfach, Powder Puff: mittel

 mittel

 10–14 Jahre

Chinese Crested Dog (Chinesischer Schopfhund)

FCI-Standard Nr. 288
Größe: Rüde 28–33 cm, Hündin 23–30
Gewicht: max. 5,5 kg
Farbe: alle Farben zugelassen

Herkunft und Verbreitung: Haarlose Hunde sind schon seit Jahrhunderten aus verschiedenen Kulturen und Regionen mit warmen Temperaturen bekannt. Man vermutet, dass der Chinese Crested (CC) auf afrikanische Nackthunde zurückgeht. In Deutschland werden jährlich etwa 150 Welpen eingetragen.

Wesen: CCs sind intelligente, fröhliche und verspielte Hunde, die sehr an ihren Bezugspersonen hängen, Fremden gegenüber aber eher unnahbar sind. Man sagt, die behaarte Variante sei nicht ganz so quirlig wie die haarlose.

Haltung: Es gibt die haarlose und eine seltenere behaarte Variante (Powder Puff), die am ganzen Körper langes seidiges Haar hat. Die Haarlosen benötigen ab und zu ein Bad, anschließend werden sie mit einer milden Feuchtigkeitslotion eingerieben. Je nach Hauttyp neigen manche CCs zu Hautunreinheiten. Bei stärkerer UV-Strahlung sollten Sie Ihren CC mit Sonnencreme schützen. Nackthunde haben genetisch bedingt weniger Zähne als behaarte Hunde. Ihre Körpertemperatur liegt übrigens nicht höher als die anderer Hunde, wie manchmal zu lesen ist. CCs sind nicht zerbrechlicher oder empfindlicher als andere Rassen. Im Winter sollten sie jedoch bei sehr niedrigen Temperaturen oder nasskaltem Wetter eventuell mit einem Mäntelchen geschützt werden. Besonders kleine Exemplare können wie alle Zwerghunde unter Patellaluxation (siehe Glossar) leiden.

 eingeschränkt   aufwendig   mittel   etwa 10 Jahre

Chow Chow

FCI-Standard Nr. 205
Größe: Rüde 48–56 cm, Hündin 46–51 cm
Gewicht: 23–35 kg (je nach Größe und Typ)
Farbe: schwarz, rot, blau, rehfarben (zimt), creme, weiß

Herkunft und Verbreitung: Der Chow Chow gehört zu den asiatischen Spitzen, seine Vorfahren wurden in China u. a. als Wachhunde eingesetzt. Der seltenere Kurzhaar-Chow Chow nimmt in letzter Zeit deutlich an Verbreitung zu.
Wesen: Der „Chow" ist ein selbstbewusster und ernsthafter Hund. Fremden gegenüber ist er eher gleichgültig. An seiner Familie hängt er sehr, wird aber auch hier nie sklavischen Gehorsam leisten. Der ideale Besitzer sollte innere Ruhe ausstrahlen und seinen Hund als Freund und Begleiter schätzen, nicht als Knecht. Dies bedeutet nicht, dass Sie als Besitzer automatisch von der

Pflicht entbunden sind, Ihren Hund zu erziehen! Er sollte die gängigen Grundbefehle kennen und wissen, dass auch für ihn Regeln gelten.
Haltung: Seit Beginn seiner Reinzucht in westlichen Ländern hat sich die Rasse stark verändert. Viele der heutigen Chows sind massiger und haben mehr Fell, einige dieser Hunde haben Augenprobleme. Nachdem viele Züchter erkannt haben, dass der Verzicht auf manch übertriebenes Merkmal die Lebensqualität der Hunde verbessert, sieht man heute wieder mehr „moderate" Chows. Die Haarpflege muss von klein auf geübt werden, Widerstand sollten Sie von Anfang an liebevolle Konsequenz entgegensetzen. Denn ein Langhaar-Chow, der sich nicht bürsten lässt, wird schnell ein Kandidat für den Tierarzt.

| 🏠 ja | 〰 mittel | ⚽ hoch | ❓ etwa 13 Jahre |

Cocker Spaniel

FCI-Standard Nr. 5
Größe: Rüde 39–41 cm, Hündin 38–39 cm
Gewicht: 12,5–14,5 kg
Farbe: viele Farben zulässig, jedoch bei Einfarbigen kein Weiß erlaubt, außer an der Brust

Herkunft und Verbreitung: Der Cocker wurde in England als Stöberhund auf Waldschnepfen (engl. Woodcock) gezüchtet. In den 1970er Jahren trat der Cocker einen wahren Siegeszug als Familienhund an. Längst zählt er nicht mehr zu den Moderassen, sondern hat sich als beliebter Begleithund etabliert.
Wesen: Wegen seiner Schönheit und seines freundlichen, liebevollen Wesens gilt der Cocker als eine der beliebtesten Rassen weltweit. Manche Cocker haben ein recht quecksilbriges Temperament: Ein Hund für Stubenhocker und ge-

mütliche Menschen ist er nicht unbedingt, auch wenn er sich oft erstaunlich gut anzupassen weiß. Die Erziehung verlangt liebevolle Konsequenz, manche Cocker haben einen ziemlichen Dickkopf. Als ursprünglicher Jagdhund kann auch ein „Familiencocker" einen ausgeprägten Jagdtrieb haben, der sich durch entsprechende Erziehung in der Regel gut kontrollieren lässt.
Haltung: Drei- bis viermal jährlich sollte man den Hund fachmännisch trimmen lassen, sonst verfilzt das feine Haar. Im Sommer können Spelzen in die Gehörgänge und den Zwischenzehenbereich eindringen und schmerzhafte Entzündungen hervorrufen. Suchen Sie nach dem Spaziergang Pfoten und Ohren auf Fremdkörper ab. Cocker sind gute Futterverwerter – achten Sie auf seine Figur, um gesundheitlichen Problemen vorzubeugen. Manche Cocker neigen zu Lefzenekzemen, achten Sie zur Vorbeugung auf entsprechende Hygiene und halten Sie die Lefzenfalten trocken.

 eingeschränkt   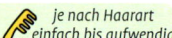 je nach Haarart einfach bis aufwendig   mittel   etwa 12 Jahre

Collie (Schottischer Schäferhund)

FCI-Standard Nr.: Langhaar/Rough Collie 156, Kurzhaar/Smooth Collie 296
Größe: Rüde 56–61 cm, Hündin 51–56 cm
Gewicht: 25–30 kg
Farbe: zobel-weiß, tricolour, blue merle

Herkunft und Verbreitung: Seine Vorfahren waren schottische Hütehunde.

Wesen: Der berühmte Filmhund „Lassie" prägte nachhaltig das Bild vom Collie: Von vielen Collies wurde erwartet, dass sie automatisch perfekte Babysitter sind und jedes Wort verstehen. Dass so etwas kein Hund leisten kann, verstanden viele enttäuschte Käufer nicht. Zudem traten durch die vermehrte Massenzucht aufgrund der großen Nachfrage auch nervöse und ängstliche Hunde auf. Dies brachte dem Collie zeitweise den Ruf eines hysterischen Schönlings ein. Bei der Anschaffung eines Collies sollte daher in jedem Fall dem Züchter der Vorzug gegeben werden, der seine Hunde auch psychisch fordert, vielleicht sogar mit ihnen arbeitet und dem wirklich etwas am Wesen der Rasse liegt. Collies sind begeisterte Sporthunde (Agility, Obedience etc.), die gerne spielen und ihre Familie auf langen Spaziergängen begleiten. Sie brauchen engen, liebevollen Kontakt zu ihren Menschen, Fremden gegenüber sind sie eher abwartend.

Haltung: Der seltenere Kurzhaar-Collie erfordert viel weniger Fellpflege als der Langhaar-Collie. Es gibt einige collietypische Erkrankungen, hierzu gehören diverse Augenprobleme, immunbedingte Hautkrankheiten und der MDR1-Defekt, eine angeborene Überempfindlichkeit auf bestimmte Medikamente.

 ja *aufwendig* *mittel* *etwa 14 Jahre*

Coton de Tuléar

FCI-Standard Nr. 283
Größe: Rüde 25–30 cm, Hündin 22–27 cm
Gewicht: Rüde 4–6 kg, Hündin 3,5–5 kg
Farbe: weiß, mit oder ohne farbige
Abzeichen an den Ohren

Herkunft und Verbreitung: Der bichonartige Hund stammt aus Madagaskar. In Deutschland wird er in den letzten Jahren immer beliebter.
Wesen: Der Coton ist ein munterer kleiner Naturbursche. Nur wegen seiner geringe Größe und seiner fehlende Unterwolle muss er etwas behütet werden. Er liebt seine Bezugspersonen über alles und sucht stets den Kontakt zu ihnen, menschliche Zuwendung genießt er und gibt sie zärtlich zurück. Der erwachsene Coton kann, nach entsprechendem Training, problemlos auf Wanderungen und zum Joggen mitgenommen werden oder auch Agility ausüben. Wie bei allen Kleinhunden sollte man ihn sich nicht unbedingt ins Haus holen, wenn man Krabbel- oder Kleinkinder hat, schnell ist das zarte Hündchen überfordert. Grundsätzlich gilt: Je sportlicher man ist bzw. je kleiner die Kinder sind, desto robuster sollte der Coton sein. Man wähle also einen Welpen, dessen Eltern gewichts- und größenmäßig an der Obergrenze liegen.
Haltung: Der Coton ist der ideale Begleiter für ältere Hundefreunde. Er lässt sich leicht auf dem Arm oder in einer Tasche transportieren und benötigt nur ein Minimum an Platz. Das feine Fell bedarf sorgfältiger Pflege, andernfalls neigt es zum Verfilzen. Rassebedingte Krankheiten sind nicht bekannt. Wie bei allen Kleinhunden kann Patellaluxation (siehe Glossar) und Zahnstein auftreten. Der Coton sollte etwa alle sechs bis acht Wochen gebadet und das Haar danach mit einer Spülung behandelt werden.

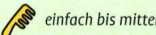 ja   einfach bis mittel   mittel   12–15 Jahre

Dachshund (Dackel, Teckel)

FCI-Standard Nr. 148
Größe: drei Größenschläge, Normalschlag: über 35 cm Brustumfang; Zwergteckel: bis 35 cm Brustumfang; Kaninchenteckel: bis 30 cm Brustumfang
Gewicht: Normalschlag nicht mehr als 9 kg
Farbe: schwarz oder braun mit gelbroten Abzeichen, rot, merle, gestromt; Rauhhaardackel auch saufarben

Herkunft und Verbreitung: Gezüchtet wurde diese urdeutsche Rasse als Erdhund, der Wildtiere (Dachs, Fuchs) in ihrem Bau stellen und herausjagen soll. Wenn man den Kurzhaardackel als „Urdackel" betrachtet, so entstand der Langhaarschlag durch Einkreuzung von langhaarigen Stöberhunden, die seinen Charakter etwas sanfter werden ließen. Der Rauhhaardackel entwickelte sich durch Einkreuzung von Terriern, die ihm etwas mehr Schneid mitgaben.

Wesen: Trotz seiner Beliebtheit ist dieser selbstbewusste Hund nur eingeschränkt als Anfängerhund zu empfehlen, denn die Erziehung eines Dackels erfordert sehr viel Konsequenz und auch Hundeverstand. Oft werden der Dickkopf und die Marotten eines ungezogenen Dackels belächelt. Die Unannehmlichkeiten, die einer nachlässigen Erziehung folgen können, sind aber doch zum Teil gravierend: Es kam schon vor, dass ein Dackel, der sich zum Familienoberhaupt aufgeschwungen hatte, seine Besitzer teils erheblich verletzt hat, denn sein Gebiss ist mit dem eines mittelgroßen Hundes gleichzusetzen. Ganz zu schweigen natürlich vom Imageverlust, den eine ganze Rasse durch ungezogene, kläffende und bissige Exemplare in der Öffentlichkeit erleidet. So herzig und schelmisch ein Dackel auch aussehen und schauen mag, so groß kann auch sein Bestreben sein,

seinen Willen durchzusetzen. Dabei gibt es ganz unterschiedliche Individuen: Mancher Dackel ist eher phlegmatisch, ein anderer wieder kann keine zehn Minuten stillsitzen. Sehr wichtig ist es, sich ausführlich mit dem Züchter zu unterhalten. Er kennt seine Hunde und ihr Temperament und wird Ihnen dabei helfen, den passenden Welpen auszusuchen. Dackel wurden ursprünglich als Jagdhunde gezüchtet und auch heute gibt es immer noch einige rein jagdliche Zuchten in Deutschland. Soll Ihr Dackel ein Familienhund sein, so wählen Sie lieber einen Welpen aus einer Schönheitszucht – selbst dieser kann noch einen starken Jagdtrieb haben.

Haltung: Im Pflegeaufwand unterscheiden sich die drei verschiedenen Haartypen: Am wenigsten Pflege benötigt natürlich das Kurzhaar, etwas mehr Bürsten sollte es beim Langhaar sein. Der Rauhaardackel sollte regelmäßig getrimmt werden, um gepflegt auszusehen und Haut und Haar gesund zu erhalten.

Dackel sind recht gesunde und langlebige Hunde, wenn sie nicht gerade zu Bandscheibenvorfällen (Dackellähme) und Herzklappeninsuffizienz (besonders beim Rauhaardackel) neigen. Sie sind gute Futterverwerter mit meist gesundem Appetit. Durch seine spezielle Anatomie bedeutet Übergewicht mehr noch als bei anderen Hunderassen eine Einschränkung der Lebensqualität und auch eine Bedrohung der Gesundheit.

 eingeschränkt   einfach   hoch   13–15 Jahre

Dalmatiner

FCI-Standard Nr. 153
Größe: Rüde 56–61 cm, Hündin 54–59 cm
Gewicht: Rüde 27–32 kg, Hündin 24–29
Farbe: weiß mit schwarzen oder braunen
Tupfen

Herkunft und Verbreitung: Der Dalmatiner soll auf osteuropäische Bracken zurückgehen, bekannt wurde er als Begleiter von Pferdekutschen und als Maskottchen der Feuerwehr. Seit vielen Jahrzehnten wird er als eleganter Begleithund geschätzt.

Wesen: Mancher Dalmatiner wird wegen seines Aussehens als elegantes Accessoire angeschafft, dabei ist er doch eher ein Hund für Naturburschen: Er hat ein im Grunde unkompliziertes Wesen, braucht aber viel Bewegung und Beschäftigung, um nicht auf dumme Gedanken zu kommen, etwa die Zerstörung des Mobiliars.

Zwar eignet sich ein Dalmatiner recht gut als Familienhund, denn er ist spielfreudig und hängt sehr an seinem Rudel, er muss jedoch mit viel Geduld und Konsequenz erzogen werden. Dies könnte neben der Betreuung von kleinen Kindern recht anstrengend werden, ebenso sein Bedürfnis, sich auch bei Wind und Wetter lange und ausgiebig zu bewegen.

Haltung: Mit ausreichender Bewegung und gesunder Ernährung sind Dalmatiner langlebige und gesunde Hunde. Ihre gesundheitlichen Schwachstellen sind die Haut (Allergien) und eine spezielle Form von Harnsäuresteinen, die sich aber mit entsprechender Fütterung in den Griff bekommen lässt. Außerdem tritt beim Dalmatiner mitunter erbliche Taubheit auf. Alle Dalmatiner, die innerhalb des VDH zur Zucht eingesetzt werden, müssen vorher auf ein intaktes Gehör untersucht werden.

 nein   einfach   mittel   [?] etwa 9 Jahre

Deutsche Dogge

FCI-Standard Nr. 235
Größe: Rüde mind. 80 cm,
Hündin mind. 72 cm
Gewicht: 50–90 kg
Farbe: gelb, gestromt, schwarz, schwarz-
weiß gescheckt (Tiger), blau

Herkunft und Verbreitung: Die Deutsche Dogge geht auf schwere Jagdhunde zurück, die zur Wildschwein- und Bärenjagd eingesetzt wurden. Im Laufe der Zeit wurden sie zu beliebten Renommierhunden.

Wesen: Eine Dogge braucht unbedingt engen Familienanschluss, um ihre guten Eigenschaften voll entwickeln zu können. Die meisten Doggen haben einen ausgeglichenen Charakter, sind sensible und zärtliche Hausgenossen. Aggressivität kommt selten vor, die beiden deutschen VDH-Doggenclubs achten sehr genau darauf, keine Hunde mit Wesensschwächen zur Zucht zuzulassen. Aber auch die friedlichste Dogge muss gut erzogen werden, denn mit einem 90-kg-Rüden sollte man erst gar keine „Diskussionen" aufkommen lassen – man zöge garantiert den Kürzeren.

Haltung: Doggen sind relativ kälteempfindlich. Sie brauchen viel Platz und hochwertiges Futter. Die wachsende Dogge muss zurückhaltend gefüttert und bewegt werden, sonst drohen lebenslang Knochen- und Gelenkprobleme. Die Zucht auf extreme Größe führte zu einer verkürzten Lebenserwartung. Typische Krankheiten bei Riesenrassen sind Herz-Kreislauferkrankungen, HD (siehe Glossar), Knochenkrebs und Magendrehung. Manche Doggen schlagen sich beim Wedeln die Schwanzspitze auf, die resultierenden Nekrosen heilen oft nicht mehr ab und die Rute muss ein Stück weit amputiert werden.

| ja | einfach | hoch | 12–14 Jahre |

Deutscher Jagdterrier

FCI-Standard Nr. 103
Größe: 33–40 cm
Gewicht: Rüde 9–10 kg, Hündin 7,5–8,5 kg
Farbe: schwarz, braun oder graumeliert mit rotgelben Abzeichen, helle und dunkle Maske erlaubt.

Herkunft und Verbreitung: Der Deutsche Jagdterrier (DJT) wurde nach dem Ersten Weltkrieg aus altenglischen Terriern und Welsh Terriern gezüchtet. Der DJT wird vor allem auf Schwarzwild (Wildschweine) und Füchse eingesetzt. In jüngster Zeit erhöht die Zunahme der Wildschwein- und Fuchspopulation die Nachfrage nach ausgebildeten DJT. Leider ist vor allem die Schwarzwildjagd mit einem erhöhten Unfall- bzw. Verletzungsrisiko für die Hunde verbunden, viele DJT sterben deshalb früh.

Wesen: Für die Wildschwein- und Fuchsjagd braucht man einen schneidigen Jagdhund: genau das ist der DJT. Die Selektion auf seine ausgeprägten jagdlichen Eigenschaften formte ihn zu einem reinen Vollgebrauchshund. Als Familienhund ist er nicht geeignet, und auch Ersatzbeschäftigungen wie Agility etc. sind eben nur ein Ersatz und können nicht allen seinen Anlagen gerecht werden. Zudem ist durch die ausgeprägte Raubzeugschärfe keine Katze oder kleineres Heimtier in seiner Umgebung sicher. Es gibt viele Hunderassen, auch Terrier, die sich besser als Familienhunde eignen.
Haltung: Der pflegeleichte und handliche Hund (es gibt Rauhaar und Glatthaar) stellt keine besonderen Ansprüche an Pflege und Räumlichkeiten. Gesundheitlich ist der Deutsche Jagdterrier wie die meisten reinen Jagdhunderassen recht robust, es gibt vereinzelt Fälle von Linsenluxation und Epilepsie.

ja   einfach   mittel   etwa 15 Jahre

Deutscher Pinscher

FCI-Standard Nr. 184
Größe: 45–50 cm
Gewicht: 14–20 kg
Farbe: rot, schwarzrot

Herkunft und Verbreitung: Wie sein rauhaariger Verwandter (der Schnauzer) und auch viele Terrier wurden die Pinscher früher als Rattenfänger vor allem in Pferdeställen eingesetzt. Außerdem schätzte man sie als Wachhunde. Damals waren Sie unter der Bezeichnung „Rattler" oder auch „Stallpinscher" weit verbreitet, im Laufe des 20. Jahrhunderts nahm ihre Verbreitung aber rapide ab. Noch vor gut zehn Jahren galt der Deutsche Pinscher als in seinem Bestand gefährdet, heute ist er wieder weiter verbreitet.

Wesen: Noch heute zeichnen sich Pinscher durch Temperament, Mut und ein gewisses Misstrauen gegenüber Fremden aus. Deutsche Pinscher sind aufgrund ihres impulsiven Temperaments keine Anfängerhunde, der ideale Besitzer sollte ausgeglichen und konsequent sein sowie über Hundeerfahrung verfügen. Bei der Erziehung vertragen sie keine harte Hand, Erziehungsfehler können kaum wieder ausgeglichen werden. Die Intelligenz und Aktivität des Pinschers verlangt eine Beschäftigung. Besonders eignen sich diese wendigen Hunde für Agility und ähnliche Hundesportarten, bei gutem Grundgehorsam auch als Reitbegleithund. Eine Schutzhundeausbildung sollte hingegen unterbleiben.

Haltung: Gesundheitlich sind diese mittelgroßen, pflegeleichten Hunde unkompliziert, in den ersten Lebensmonaten sollten sie auf Treppen getragen werden. Durch das kurze Haarkleid ist der Pinscher etwas kälteempfindlich.

|  nein |  mittel |  hoch |  etwa 12 Jahre |

Deutscher Schäferhund

FCI-Standard Nr. 166
Größe: Rüde 60–65 cm, Hündin 55–60 cm
Gewicht: Rüde 30–40 kg, Hündin 22–32 kg
Farbe: schwarz mit oder ohne gelbe oder
braune Abzeichen, grau

Herkunft und Verbreitung: Ende des 19. Jahrhunderts wurde der Deutsche Schäferhund aus lokalen deutschen Hütehundschlägen gezüchtet.
Wesen: Schäferhunde sind – vielleicht noch mehr als andere Rassen – das, was ihr Herr aus ihnen macht. Unerzogen, sich selbst überlassen oder „scharfgemacht" wird ein Schäferhund zur Plage oder gar Gefahr für seine Umwelt. In den richtigen Händen hingegen kann er zum echten Traumhund werden. Eine solide Sozialisierung und Grunderziehung sind wichtig. Darüber hinaus brauchen Schäferhunde eine

Aufgabe, die sie körperlich und geistig fordert: Dies kann Obedience, Agility, Fährtenarbeit, Schutzhundausbildung etc. sein. Unterfordert fangen sie sehr schnell an, sich zu langweilen und auf dumme Gedanken zu kommen. Meiden Sie Massenzuchten, in denen die Hunde nur im Zwinger gehalten werden, achten Sie auf freundliche Elterntiere und auf einen sympathischen Züchter. Das gute Verhältnis zwischen ihm und seinen Hunden sollte deutlich spürbar sein.
Haltung: Viele Schäferhunde haben Hüftprobleme, HD-freie Elterntiere sind ein Muss, dies sollten Sie sich unbedingt vom Züchter dokumentieren lassen. Meiden Sie auch Hunde mit extrem abfallender Hinterhand und am Boden schleifender Rute. Solche Übertypisierungen findet man bei manchen Hunden aus Hochzuchten (Schönheitszuchten), sie gehen sehr häufig auf Kosten der Gesundheit. Der langstockhaarige Schlag erfordert etwas mehr Pflegeaufwand.

 nein   einfach   hoch   etwa 12 Jahre

Deutsche Vorstehhunde (Deutsch Kurzhaar, Deutsch Drahthaar, Deutsch Langhaar, Deutsch Stichelhaar, Pudelpointer)

FCI-Standard Nr.: Deutsch Drahthaar 98, Deutsch Langhaar 117, Deutsch Kurzhaar 119, Deutsch Stichelhaar 232, Pudelpointer 216

Größe: Rüde 60–70 cm, Hündin 57–68 cm (die zulässige Spanne variiert je nach Rasse)

Gewicht: Rüde bis 35 kg, Hündin etwa 25 kg

Farbe: Deutsch Drahthaar: braun, Braun- und Schwarzschimmel. Deutsch Langhaar: braun, braun-weiß, Braunschimmel. Deutsch Kurzhaar: schwarz, braun, braun oder schwarz mit weiß, Braun- oder Schwarzschimmel, Brand ist zugelassen. Deutsch Stichelhaar: braun, Braunschimmel. Pudelpointer: dürrlaubfarben, mittel- und dunkelbraun, schwarz.

Herkunft und Verbreitung: Die Deutschen Vorstehhunde stammen ursprünglich von Bracken ab, die durch andere Hundetypen und -rassen „veredelt" wurden. So wurden beim Deutsch Kurzhaar spanische und englische Pointer eingekreuzt, der Deutsch Langhaar führt Blut von Hühner- und Wasserhunden. Aus den alten rauhaarigen deutschen Vorstehhundschlägen entstanden die reingezüchteten Rassen Deutsch Drahthaar und Deutsch Stichelhaar. Der Pudelpointer entstand, wie der Name es schon verrät, aus einer Kreuzung von Pudeln und Pointern. Alle deutschen Vorstehhundrassen sind Vollblutjagdhunde, die seit jeher als reine Jagdgebrauchshunde gezüchtet und geführt

werden. Die Rute darf bei jagdlich geführten kurz- und rauhaarigen Hunden bis zum dritten Lebenstag um die Hälfte bis ein Drittel gekürzt werden. Für Hunde, die nach Skandinavien oder in die Schweiz ausgeführt werden, besteht Kupierverbot.

Wesen: Die deutschen Vorstehhunde werden ausschließlich an Jäger abgegeben. Zwar sind sie in der Regel sehr anhänglich an ihre Besitzer und deren Familie, durch die reine Leistungsselektion handelt es sich bei diesen Hunden aber um Vollgebrauchshunde, deren gute Eigenschaften nur bei einer entsprechenden Ausbildung und Auslastung zur Geltung kommen. Als reine Familien- oder Begleithunde sind die Vorstehhunde unterfordert und Probleme sind vorprogrammiert. Auch wenn es vereinzelt Hunde geben mag, die nicht jagdlich geführt werden und die doch angenehme Familienmitglieder sind, so sind dies Ausnahmen. Deutsche Vorstehhunde sind keine Spezialisten, sondern Allrounder, die in fast allen jagdlichen Sparten eingesetzt werden können, wie etwa für das Vorstehen, das Verlorenbringen, die Schweiß- und Wasserarbeit. Dabei sollen die Hunde hart und ausdauernd arbeiten. Auch Wild-, Raubwild- und Raubzeugschärfe (siehe Glossar) wird von ihnen erwartet.

Haltung: Meist werden die deutschen Vorstehhunde in einer kombinierten Haus- und Zwingerhaltung gehalten, wobei der Deutsch Kurzhaar der kälteempfindlichste ist. Allgemein sind alle fünf Rassen gesundheitlich robust, beim Deutsch Drahthaar treten vereinzelt die Von-Willebrand-Krankheit (VWD, siehe Glossar) und Skelettbildungsstörungen (OCD) auf.

Foto diese Seite: Deutsch Kurzhaar
Foto vorhergehende Seite: Deutsch Drahthaar

| 🔼 eingeschränkt | 🖌 einfach | ⚽ hoch | ❓ etwa 10 Jahre (oft weniger) |

Dobermann

FCI-Standard Nr. 143
Größe: Rüde 68–72 cm, Hündin 63–68 cm
Gewicht: Rüde 40–45 kg, Hündin 32–35 kg
Farbe: schwarz oder braun mit roten Abzeichen

Herkunft und Verbreitung: Dieser deutsche Rassehund ist nach seinem ersten Züchter benannt, der um 1870 einen „mannfesten Haus- und Hofhund" schaffen wollte. Später wurde der Dobermann auch häufig als Polizeihund eingesetzt, heute ist er ein weltweit bekannter Schutz-, Wach- und Familienhund.

Wesen: Der Dobermann ist kein Hund für Anfänger oder für ungeduldige, nervöse Menschen. Ein Rassekenner beschrieb den Dobermann so: „Er ist wie ein Ferrari. Man kann große Erfolge mit ihm haben, aber auch oft Pannen erleben und muss mit ihm umzugehen wissen." Überlegen Sie sich die Anschaffung reiflich, denn Sie müssen viel Zeit und Sorgfalt sowohl in die Grunderziehung als auch in seine Bewegung und Beschäftigung investieren. Der „Dobi" schließt sich meist sehr eng an eine Bezugsperson an. Suchen Sie den Züchter sorgfältig aus – es ist sehr wichtig, dass die Welpen gewissenhaft auf Menschen, andere Tiere und Alltagssituationen sozialisiert werden.

Haltung: Dobermänner sind leider keine sehr langlebigen Hunde. Es gibt recht viele Krankheitsdispositionen in dieser Rasse, die unter anderem das Herz und den Bewegungsapparat, vor allem die Wirbelsäule, betreffen. Es wird empfohlen, Dobermänner ab dem fünften Lebensjahr jährlich auf Herzmuskelerkrankungen untersuchen zu lassen. Zudem sind Dobermänner recht kälteempfindlich: Ist der Dobi im Winter in Bewegung, gibt es keine Probleme. Langes Ablegen oder Anbinden sollten aber vermieden werden.

eingeschränkt   einfach   niedrig bis mittel   8–10 Jahre

Englische Bulldogge (English Bulldog)

FCI-Standard Nr. 149
Größe: etwa 40 cm
Gewicht: Rüde etwa 25 kg,
Hündin etwa 23 kg
Farbe: gestromt, rot, falb, einfarbig oder
gescheckt, mit oder ohne schwarze Maske

Herkunft und Verbreitung: Der britische Nationalhund wurde früher zur Bullenhetze eingesetzt. Heute ist er ein in England weit verbreiteter Haushund, der auch in Deutschland in letzter Zeit häufiger zu sehen ist.

Wesen: Die Bulldogge soll menschenfreundlich und ausgeglichen mit einer hohen Reizschwelle sein. Die Erziehung ist nicht ganz einfach, da ein Bulldog oft eigene Vorstellungen davon hat, was zu tun und zu lassen ist. Die hochbeinigeren und beweglicheren Exemplare sind lebhafter und agiler, mit ihnen ist sogar die Teilnahme an verschiedenen hundesportlichen Disziplinen möglich. Am besten wählen Sie einen Züchter, der weniger auf Ausstellungen, sondern mehr draußen mit seinen Hunden unterwegs ist.

Haltung: Die Englische Bulldogge ist eine umstrittene Rasse. Atemprobleme durch das Brachyzephalie-Syndrom (siehe Glossar), Hitzeempfindlichkeit, Augenprobleme und Hautentzündungen: Mit mindestens einem dieser Probleme hat fast jede Bulldogge zu kämpfen. Selbst innerhalb ihrer Fan- und Züchtergemeinde werden immer mehr kritische Stimmen laut, zugunsten der Gesundheit der Hunde auf bestimmte Übertypisierungen zu verzichten. Die Narkose stellt ein höheres Risiko als bei anderen Rassen dar, deshalb sollten Sie rechtzeitig einen Tierarzt suchen, der Erfahrung mit Bulldoggen hat.

 eingeschränkt mittel hoch 10–15 Jahre

Englischer Setter (English Setter)

FCI-Standard Nr. 2
Größe: Rüde 65–68 cm, Hündin 61–65 cm
Gewicht: 25–30 kg
Farbe: schwarz-weiß, orange-weiß, lemon-weiß, leberbraun-weiß, tricolor

Herkunft und Verbreitung: Der Englische Setter gehört zu den „klassischen" britischen Vorstehhundrassen und wird als Feldspezialist für die Jagd auf Federwild in aller Welt geschätzt.
Wesen: Der Englische Setter gilt als der Sanfteste unter den Setterrassen, was allerdings nicht ausschließt, dass er ein äußerst bewegungsfreudiger und temperamentvoller Hund sein kann. Der überwiegende Teil der Englischen Setter wird auch heute noch als Jagdhund gehalten. Sollten Sie sich für einen Englischen Setter als Familien- und Begleithund interessieren, so

wählen Sie einen Hund aus einer Formzucht, andernfalls könnten Sie Probleme mit einem starken Jagdtrieb bekommen. Aber auch der nicht jagdlich gezogene English Setter muss eine Beschäftigung bekommen und ausreichend bewegt werden. Ein unausgeglichenes „Schmuckstück" kann sonst schnell zum Problem werden. Schließen Sie sich einer Agility-Gruppe an oder versuchen Sie es mit Dummy-Training. Wie auch der Irische und der Gordon Setter kann der English Setter ein sensibler Dickkopf sein, für dessen Erziehung man eine gehörige Portion Feingefühl und Konsequenz braucht.
Haltung: Setter können recht sensibel auf Futterumstellungen reagieren. Vereinzelt kommt erbliche Taubheit vor. Nach der Kastration entwickeln sowohl Hündinnen als auch Rüden ein wolliges „Welpenfell".

 ja   mittel   hoch   [?] 12–14 Jahre

English Springer Spaniel

FCI-Standard Nr. 125
Größe: etwa 51 cm
Gewicht: 19–23 kg
Farbe: leberbraun-weiß, schwarz-weiß,
jeweils mit oder ohne Loh-Abzeichen

Herkunft und Verbreitung: Der English Springer Spaniel ist ursprünglich eine Buschierhundrasse. In England und den USA gehört der Springer bereits seit vielen Jahren zu den beliebtesten Rassen, sowohl als reiner Familien- als auch als Jagdhund. Dies führte dazu, dass sich in diesen Ländern unterschiedliche Zuchtlinien entwickelten: Arbeitshunde und Standardhunde aus Formzucht.

Wesen: Auch in Deutschland sollte man sich erkundigen, aus welchen Linien ein Welpe stammt. Zwar kann auch ein Springer aus Standardzucht einen beträchtlichen Jagdtrieb

haben, die Wahrscheinlichkeit ist aber doch etwas niedriger als bei Hunden aus Arbeitslinien. Springer Spaniel sind aufgeschlossene, freundliche Hunde, die sich meist sehr gut in das menschliche Rudel integrieren. Sie neigen nicht zu Dominanz oder gar Aggressivität, verstehen es aber recht gut, ihren Willen mit Köpfchen und Sturheit durchzusetzen, was eine liebevoll-konsequente Erziehung erfordert.

Haltung: Drei- bis viermal jährlich sollte der Springer getrimmt werden, um das Fell gepflegt zu halten. Generell sind Springer Spaniel recht robuste Hunde. Manche Rassevertreter neigen zu Ohrenentzündungen. Auch Augenerkrankungen kommen vor (PRA, Glaukom, Katarakt). Fragen Sie beim Züchter, ob die Elterntiere darauf untersucht wurden. Kastrierte Spanielhündinnen entwickeln ein wolliges, stumpfes „Welpenfell".

 ja   einfach   hoch   etwa 12 Jahre

Entlebucher Sennenhund

FCI-Standard Nr. 47
Größe: Rüde 44–50 cm, Hündin 42–48 cm
Gewicht: 25–30 kg
Farbe: dreifarbig (schwarz-weiß mit loh)

Herkunft und Verbreitung: Ursprünglich wurde der Entlebucher wie sein etwas größerer Verwandter, der Appenzeller Sennenhund, zum Treiben der Rinder und zum Bewachen der Senn auf schweizer Almen gezüchtet. Heute wird er vor allem als Familien- und Begleithund gehalten.
Wesen: Wie der Appenzeller ist auch der Entlebucher flink, aufmerksam und mit einem gewissen Misstrauen Fremden gegenüber ausgestattet. Dies erfordert eine sorgfältige Sozialisation beim Welpen. Auch die Bellfreudigkeit des früheren Wachhundes kann ausgeprägt sein. Der temperamentvolle Entlebucher eignet sich gut für alle möglichen Hundesport-Aktivitäten und möchte stets in der Nähe seiner Familie sein.
Haltung: Als kleinste Sennenhundrasse kann der Entlebucher gut in einer Wohnung gehalten werden, sofern er ausreichend bewegt und beschäftigt wird. Früher wurde die Rute kupiert, heute werden sowohl die lange Rute als auch eine angeborene Stummelrute anerkannt. Es gibt Fälle von ektopischen Ureteren: Bei dieser angeborenen Anomalie münden die Harnleiter nicht oder an falscher Stelle in die Harnblase, was je nach Schwere des Defekts zu mehr oder weniger gravierenden Problemen bei der Urinausscheidung führen kann. Vereinzelt tritt auch ein Glaukom (siehe Glossar) auf. Der deutsche Zuchtverband SSV verlangt für die Zuchtzulassung eine Untersuchung auf erbliche Augenerkrankungen.

 eingeschränkt   mittel   mittel   12–14 Jahre

Eurasier

FCI-Standard Nr. 291
Größe: Rüde 52–60 cm, Hündin 48–56 cm
Gewicht: Rüde 23–32 kg, Hündin 18–26 kg
Farbe: alle Farben außer weiß,
weißgescheckt und leberfarben

Herkunft und Verbreitung: Der Eurasier ist eine sehr junge deutsche Hunderasse. Er wurde in den 60er Jahren aus den Ausgangsrassen Chow Chow, Wolfsspitz und Samojede gezüchtet. Zuchtziel sollte ein umgänglicher und gesunder Familienhund sein.

Wesen: Da die Ausgangsrassen sich zwar im Aussehen ähneln, im Charakter aber recht unterschiedlich sind, ist es auch heute schwierig, für den Eurasier ein genaues Charakterprofil zu erstellen. Es gibt Eurasier, die Fremden gegenüber sehr zurückhaltend sind und eher majestätisch distanziert ihr Umfeld beobachten. Andere wiederum sind freundlich und immer zu einem Späßchen bereit. Für fast alle Eurasier gilt, dass sie in der Erziehung nicht ganz einfach sind, man benötigt meist etwas Erfahrung.

Haltung: Der Eurasier ist gerne draußen, wobei ihm kühleres Wetter eindeutig mehr liegt als die Sommerhitze. Die deutschen Eurasier-Zuchtclubs legen viel Wert auf die Gesundheit und das intakte Sozialverhalten der Rasse. Interessenten werden gründlich und umfassend über die Rasse informiert. Sollten Zweifel an der Eignung als Eurasierhalter auftreten, so kann es auch vorkommen, dass jemand überhaupt keinen Welpen bekommt. Dies ist eine lobenswerte Einstellung, und es ist tatsächlich so, dass der Eurasier eine gesundheitlich robuste Rasse ist, die man nur selten im Tierheim antrifft.

 eingeschränkt   mittel   hoch   etwa 10 Jahre

Flat Coated Retriever

FCI-Standard Nr. 121
Größe: Rüde 59–61,5 cm, Hündin 56,5–69 cm
Gewicht: Rüde 27–36 kg, Hündin 25–32 kg
Farbe: einfarbig schwarz oder leberbraun

Herkunft und Verbreitung: Ursprünglich wurde der Flat Coated Retriever in England als Apportierhund für Wassergeflügel gezüchtet. Man vermutet, dass er aus einer Kreuzung von labradorähnlichen Hunden aus Neufundland und Settern entstanden ist. Heute wird der „Flat" bei uns vor allem als Familien- und Begleithund gehalten. In Deutschland erfreut er sich steigender Beliebtheit. Es gibt jagdlich orientierte und Schaulinien.
Wesen: Der Flat ist ein sehr menschenfreundlicher und gutmütiger Hund, mit Kindern versteht er sich in der Regel glänzend. Wie alle Retriever liebt er das Wasser. Es ist außerdem sehr leicht, ihm das Apportieren von Gegenständen beizubringen. Mit einer entsprechenden Ausbildung (etwa der Dummy-Arbeit) macht man dem Hund eine riesige Freude und tut auch sich selbst einen großen Gefallen. Ein unausgelasteter Flat kann nämlich leicht zu einer Belastung werden, da sein Temperament schlecht zu zügeln ist – der Hund weiß dann einfach nicht, wohin mit seinem Tatendrang. Alle möglichen Beschäftigungen werden von einem Flat mit Freude erlernt und ausgeführt. Ein paar Beispiele neben der Dummy-Arbeit sind Agility, Obedience und auch die Ausbildung als Rettungshund.
Haltung: Beim Flat sind keine spezifischen rassebedingten Erkrankungen bekannt. Hunde aus unseriöser Zucht können allerdings mit schlechten Hüftgelenken belastet sein.

 ja

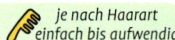 je nach Haarart einfach bis aufwendig

 hoch

 12–15 Jahre

Foxterrier

*FCI-Standard Nr. 169 (Drahthaar),
12 (Glatthaar)
Größe: Rüde nicht über 39 cm,
Hündin etwas weniger
Gewicht: Rüde etwa 8,25 kg,
Hündin etwas weniger
Farbe: weiß mit schwarzen, lohfarbenen
oder schwarzlohfarbenen Abzeichen*

Herkunft und Verbreitung: In Großbritannien wurden (und werden) Foxterrier bei der Fuchsjagd eingesetzt. Der Foxterrier ist heute nicht mehr so häufig anzutreffen, nachdem er in den 1930er bis 1950er Jahren zum Straßenbild gehörte.

Wesen: Er steht im Ruf, bissig und rauflustig zu sein – eventuell ein Grund für seine wieder abnehmende Verbreitung. Ursprünglich als furchtlose Fuchsjäger gezüchtet, steckt in den meisten Foxterriern auch heute noch eine ganze Portion Mut und Schärfe. Da es sich um sehr hübsche Tiere von handlichem Format handelt, wurden sie oft als Begleiter feiner Damen angeschafft. Hierfür gibt es sicherlich besser geeignete Rassen, denn Foxterrier lieben es, zu buddeln und Nachbars Katze auf den Baum zu jagen. Ein Foxterrier ist in der Regel ein Temperamentsbolzen und braucht einen umsichtigen und sportlichen Besitzer, der seinen Tatendrang in die richtigen Bahnen lenkt. Dann ist er ein treuer und lustiger Begleiter, der mit seinem Menschen durch dick und dünn geht.

Haltung: Drahthaarfoxe müssen in regelmäßigen Abständen professionell getrimmt (nicht geschoren!) werden. Beim Foxterrier kommen ab und zu Augenerkrankungen vor. Hunde mit einem sehr großen Weißanteil im Fell können unter Umständen taub sein.

 ja   einfach   niedrig   etwa 12 Jahre

Französische Bulldogge

FCI-Standard Nr. 101
Größe: muss im Verhältnis zum Gewicht stehen (etwa 35 cm)
Gewicht: 8–14 kg
Farbe: fauve (falbfarben) mit oder ohne Stromung, mit Weißscheckung in verschiedensten Varianten

Herkunft und Verbreitung: Der „Bully" geht auf englische Zwergbulldoggen zurück, eventuell wurden noch Mops und Terrier eingekreuzt. Seit jeher wurden Bullys als Begleithunde gehalten, heute erfreut sich die Rasse in Deutschland steigender Beliebtheit.

Wesen: Bullys sind verspielt und lebhaft, dabei freundlich und neugierig. Meist vertragen sie sich gut mit Artgenossen und auch mit anderen Tieren. Man sollte sie aber bereits im Welpenalter an alle möglichen Situationen heranführen und jegliche Aggressionstendenzen durch sanften Nachdruck im Keim ersticken. Zu fremden Menschen sind sie meist neutral bis freundlich, von Kindern sind sie oft begeistert. Grunderziehung muss auch bei der Französischen Bulldogge sein. Wer allerdings mit seinem Hund bei Unterordnungswettkämpfen oder beim Agility glänzen will, sollte eine andere Rasse wählen.

Haltung: Ein Bully ist eher ein Hund für gemütliche Menschen, sportliche Hochleistungen sind nicht sein Ding. Gerade deshalb ist eine kontrollierte Fütterung wichtig, um Übergewicht zu vermeiden. Hitze verträgt er schlecht. Um einem Hitzekollaps vorzubeugen, darf man seinen Bully im Sommer nicht überfordern. Grund dafür ist das Brachyzephalie-Syndrom (siehe Glossar), unter dem manche Bullys leiden. Aus dem gleichen Grund sind viele Bulldoggen narkoseempfindlich. Vor allem beim älteren Bully treten mitunter Bandscheibenprobleme auf.

 eingeschränkt   mittel   mittel   etwa 12 Jahre

Golden Retriever

FCI-Standard Nr. 111
Größe: Rüde 56–61 cm, Hündin 51–56 cm
Gewicht: 27–40 kg
Farbe: gold- bis cremefarben

Herkunft und Verbreitung: Der „Golden" wurde in Großbritannien ursprünglich als Apportierhund für Wassergeflügel gezüchtet. Heute ist er weltweit eine der beliebtesten Hunderassen.
Wesen: Der Golden Retriever erlebte in den 1990er Jahren einen kometenhaften Aufstieg. Dadurch traten Hundevermehrer, die nur auf die schnelle Mark aus waren, auf den Plan und beeinflussten die Entwicklung des Wesens dieser Hunde. Der Golden Retriever ist nach wie vor ein überwiegend sehr freundlicher, stressresistenter Hund, der sich hervorragend als Familienhund eignet. Es treten aber heute auch vereinzelt aggressive und nervöse Tiere auf – früher war

dies beim Golden undenkbar. Daher sollte man Golden-Retriever-Welpen unbedingt aus einer kontrollierten, seriösen Zucht wählen. Dieser Vierbeiner ist dann ein leicht erziehbarer, fröhlicher und unternehmungslustiger Familienhund, mit dem man richtig arbeiten kann (und soll): Dummy-Training, Agility, Obedience, Rettungshundeausbildung etc. sind hervorragende Möglichkeiten, ihn auszulasten.
Haltung: Wie alle Retriever sind Golden ausgesprochene Wasserratten, selbst die kleinste Pfütze wird begeistert durchwatet. Entsprechend unempfindlich sollten die Hausbewohner sein. Gelenksprobleme, vor allem der Hüfte und der Ellbogen, können auftreten. Andere Krankheiten wie Allergien und Lymphome (siehe Glossar) treten vereinzelt auf.

 eingeschränkt   mittel   hoch   10–15 Jahre

Gordon Setter (Schottischer Setter)

FCI-Standard Nr. 6
Größe: Rüde 66 cm, Hündin 62 cm
Gewicht: Rüde 29,5 kg, Hündin 25,5 kg
Farbe: black and tan (schwarz mit kastanienfarbenen Abzeichen)

Herkunft und Verbreitung: Der Vorstehhund aus Schottland ist heute in Deutschland die zweithäufigste Setterrasse nach dem Irish Setter.
Wesen: Der Gordon Setter ist der kräftigste Setter und, soweit man das überhaupt von einem Setter sagen kann, der härteste und schärfste. Er wird auch heute noch als Jagdhund eingesetzt, wobei er sich auch auf der Schweißfährte und bei der Wasserarbeit bewährt. Ein Gordon ist kein Hund für jedermann und schon gar kein Statussymbol. Ein Setter muss laufen und arbeiten dürfen. Kann er das nicht, wird er zur

Belastung für alle Beteiligten. Sollten Sie sich für einen Gordon Setter als Familien- und Begleithund interessieren, so wählen Sie einen Hund aus einer Formzucht. Andernfalls könnten Sie Probleme mit dem starken Jagdtrieb bekommen. Machen Sie mit ihm Agility, gehen Sie Fahrrad fahren oder versuchen Sie ihn für Apportierübungen zu begeistern. Alle Setterrassen sind sensible Dickköpfe, für die Erziehung braucht man eine gehörige Portion Feingefühl aber auch Konsequenz. Kurz: Sie sind keine Hunde für Anfänger. Hinzu kommt, dass manche Setter recht feinnervig sein können, „immer auf Draht", was vielen Menschen zu anstrengend ist.
Haltung: Nach einer Kastration entwickeln sowohl Hündinnen als auch Rüden ein unschönes, wolliges Fell.

 eingeschränkt   einfach   mittel ❓ etwa 10 Jahre

Greyhound

FCI-Standard Nr. 158
Größe: Rüde 71–76 cm, Hündin 68–71 cm
Gewicht: 25–35 kg (Rennlinie), 30–45 kg (Showlinie)
Farbe: schwarz, weiß, rot, blau, bräunlich rotgelb, sandfarben, gestromt, jede dieser Farben mit weiß

Herkunft und Verbreitung: Der Greyhound ist der klassische englische Rennhund, ursprünglich wurde er zur Hetzjagd auf Hasen eingesetzt.
Wesen: „Greys" sind angenehme, nie aufdringliche Hausgenossen. Man sagt ihnen einen ausgesprochenen Sinn für Humor nach. Gerne liegen sie etwas erhöht, dösen oder beobachten das Familiengeschehen. Die Rasse lässt sich gut zu mehreren halten. Draußen im Freien drehen sie richtig auf, vor allem, wenn ihr Hetztrieb geweckt wird. Greys lassen sich zwar mit Konsequenz erziehen, in wildreichen Gebieten ist die Leine jedoch immer ein Muss. Greyhounds brauchen keine stundenlangen täglichen Märsche, ein regelmäßiges Austoben und Rennen (nach einer Aufwärmphase, um Verletzungen vorzubeugen) genügt ihnen in der Regel. In der Zucht wird zwischen Showgreys und Renngreys unterschieden.
Haltung: Greyhounds sind für ihre Größe recht robuste Hunde. Allerdings kommen ab und zu Verletzungen vor, entweder der Haut oder der Knochen und Bänder, dies vor allem bei Rennhunden, die auch mitunter an Knochenkrebs erkranken. Für die „Greyhound Hereditary Neuropathy", eine unheilbare erbliche Nervenerkrankung, gibt es einen Gentest. Sind beide Eltern getestet, kann man durch gezielte Zuchtwahl die Geburt davon betroffener Welpen verhindern.

eingeschränkt	einfach	hoch	etwa 12 Jahre

Großer Münsterländer

FCI-Standard Nr. 118
Größe: Rüde 60–65 cm, Hündin 58–63 cm
Gewicht: etwa 30 kg
Farbe: schwarz-weiß mit Platten,
Schwarzschimmel

Herkunft und Verbreitung: Der Große Münsterländer (GM) ist ursprünglich nichts anderes als ein schwarz-weißer Deutsch Langhaar. Diese Farbvariante wurde vom Zuchtverband ausgeschlossen, da man hinter diesem Farbschlag Fremdeinkreuzungen (Neufundländer, Setter) vermutete. Da es sich beim GM um einen vielseitigen, intelligenten und leichtführigen Jagdgebrauchshund handelt, bemühte man sich um seinen Erhalt und züchtete ihn ab 1919 systematisch unter dem heutigen Rassenamen weiter. Sein Name rührt vor allem von seiner ursprünglichen Verbreitung in Westfalen her.

Heute ist der GM in ganz Deutschland beliebt und wird auch im Ausland als Jagdhund eingesetzt.

Wesen: Der GM ist ein Vollblutjagdhund, der sich kaum für die reine Familienhaltung eignet. Er zeichnet sich durch seine vielseitige Einsatzbereitschaft aus. Neben seiner Spursicherheit zeigt er ausgeprägte Wasserpassion und eignet sich auch zum Vorstehen und Apportieren. Der Große Münsterländer ist anhänglich und wachsam. Manche GM sind etwas feinnervig und sensibel, wobei von Züchterseite Wert auf ein beherrschtes und ruhiges Wesen gelegt wird.

Haltung: Sein schlichtes Langhaar macht ihn zu einem wetterharten und pflegeleichten Hund. Rassebedingte Erkrankungen sind keine bekannt, vor der Zucht müssen alle Hunde auf Hüftgelenksdysplasie (HD, siehe Glossar) untersucht werden.

 eingeschränkt   mittel   hoch   ❓ etwa 12 Jahre

Hovawart

FCI-Standard Nr. 190
Größe: Rüde 63–70 cm, Hündin 58–65 cm
Gewicht: 30–40 kg
Farbe: blond, schwarz, schwarzmarken

Herkunft und Verbreitung: Der Hovawart in seiner heutigen Form ist eine recht junge deutsche Rasse, die gezielt als Schutz- und Gebrauchshund gezüchtet wurde. Die jährlichen Welpenzahlen liegen um 1200.

Wesen: Ein Hovawart muss arbeiten oder zumindest beschäftigt werden. Vor allem Rüden können sehr dominant sein, und auch die Hündinnen lassen sich nicht so leicht den Schneid abkaufen. Achten Sie von Anfang an auf eine konsequente Erziehung. Hovawarte sind recht spätreif, oft sind sie bis zum zweiten Lebensjahr noch tapsig-verschmust, fangen dann „plötzlich" an zu knurren, wenn ihnen etwas nicht passt oder sie einen gleichgeschlechtlichen Hund auf der Spielwiese treffen. So mancher Hovawartrüde wurde schon abgegeben, weil seine Besitzer auf einmal nicht mehr mit ihrem bisher so gutmütigen Hund zurechtkamen. Ist dem „Hovi" allerdings sein Platz im Familienrudel klar, so kann man sich jederzeit auf ihn verlassen. Er ist ein begeisterter Begleiter bei sämtlichen Aktivitäten und liebt es, seine Menschen um sich zu haben. Außerdem ist er ein vorzüglicher Wachhund, der seine Aufgabe absolut ernst nimmt: Sein Name stammt von dem altdeutschen Wort für Hofwart ab.

Haltung: Dank strenger Zuchtbestimmungen des größten deutschen Hovawart-Zuchtclubs sind kaum Erbkrankheiten verbreitet. Wie bei allen größeren Hunderassen sollte man auf HD-freie Elterntiere achten.

 eingeschränkt   mittel   hoch   10–15 Jahre

Irish Setter

FCI-Standard Nr. 120
Größe: Rüde 58–67 cm, Hündin 55–62 cm
Gewicht: 27–33 kg
Farbe: kastanienbraun

Herkunft und Verbreitung: Der Vorstehhund aus Irland wird seit vielen Jahrzehnten sowohl als Jagd- als auch als Begleithund gehalten. In Deutschland ist er die beliebteste Setterrasse.
Wesen: Der Ire vereint ein dem Menschen gegenüber äußerst sanftes und anhängliches Wesen mit lebhaftem Temperament: Setter sind Jagdhunde, das haben auch Generationen an Formzucht nicht verändert. Die meisten Setter sind auf dem Spaziergang ständig auf dem Sprung, ohne soliden Grundgehorsam sollte man sie nicht von der Leine lassen. Gemütliche Sonntagsspaziergänge sind in der Regel erst mit einem Setter im Seniorenalter möglich.

Außerdem kann ein unterforderter und unerzogener Setter Unarten entwickeln. Die Rasse braucht Bewegung, gerne am Fahrrad und, noch wichtiger, eine Beschäftigung. Dies muss nicht unbedingt eine jagdliche Ausbildung, sondern kann auch Agility, Obedience oder eine entsprechende „Tätigkeit" aus dem Hundesport sein. Fünfzehn Minuten „Denkarbeit" ermüden einen Hund oft mehr als ein dreistündiger Spaziergang. Ein so geforderter und ausgelasteter Setter ist auch im Haus ein ruhiger und angenehmer Gesellschafter. Irish Setter sind in der Regel mit Artgenossen recht verträglich und können gut zu mehreren gehalten werden.
Haltung: Setter können sensibel auf Futterumstellungen reagieren. Nach der Kastration entwickeln sowohl Hündinnen als auch Rüden ein unschönes, wolliges Fell.

 ja   aufwendig   mittel   12–16 Jahre

Irish Soft Coated Wheaten Terrier

FCI-Standard Nr. 40
Größe: Rüde 46–48 cm,
Hündin etwas kleiner
Gewicht: Rüde 18–20,5 kg,
Hündin etwas weniger
Farbe: weizenfarben

Herkunft und Verbreitung: Der „Wheatie" wurde in Irland als Allzweckhund der einfachen Landbevölkerung gehalten: Er war Jagdhund, Wachhund und sogar Treibhund in einem. Seit vielen Generationen wird er vor allem als Begleithund gehalten.

Wesen: Der Irish Soft Coated Wheaten Terrier (ISCWT) ist ein waschechter Terrier, auch wenn er ein wenig an einen Hirtenhund erinnert. Doch in seiner Brust schlägt ein echtes Terrierherz: mutig, schneidig, verspielt und lebhaft. Diese

aufgeweckten Hunde möchten überall dabei sein, für sportliche Aktivitäten sind sie jederzeit zu haben. Dabei sind sie nicht ganz so rüpelhaft wie ihre nahen Verwandten, die Irish und die Kerry Blue Terrier. Dennoch brauchen auch sie eine gewissenhafte Sozialisierung, vor allem mit anderen Hunden. Sie eignen sich sehr gut als Begleiter für Agility, Breitensport, Jogging oder ausgedehnte Wanderungen. Für die Rudelhaltung eignet sich der ISCWT nur bedingt.

Haltung: Die Fellpflege ist beim ISCWT ein wichtiges Kapitel. Gewöhnen Sie bereits den Welpen daran, sich bürsten und vor allem auch kämmen zu lassen. Zusätzlich ist ein Trimming alle 12 Wochen ratsam, um den Hund „in Form" zu halten. Versäumen Sie die Pflege, enden Sie mit einem total verfilzten Hund, bei dem dann oft nur noch die Schermaschine hilft. Vereinzelt kommen erbliche Nierenerkrankungen vor.

ja	mittel	mittel	11–13 Jahre

Irish Terrier

FCI-Standard Nr. 139
Größe: etwa 45 cm
Gewicht: Rüde 12 kg, Hündin 11 kg
Farbe: rot

Herkunft und Verbreitung: Die Vorfahren des „roten Iren" waren Arbeitshunde: Sie wurden zur Jagd eingesetzt und hielten Haus und Hof rattenfrei.

Wesen: Irish Terrier sind aufgeweckt, menschenfreundlich und interessiert – und als typische Terrier recht selbstbewusst. Seinen menschlichen Familienmitgliedern zärtlich zugetan, ist der Ire auch mal für eine Rauferei zu haben. Er braucht sportliche Besitzer, die auch in der Lage sind, ihm Grenzen zu setzen. Für zu nachgiebige oder aber brachiale Menschen ist diese Rasse nicht geeignet. Der Ire ist ein guter Begleiter beim Joggen oder auf Radtouren, auch für Hundesportarten wie Agility eignet er sich. Leben kleine Heimtiere bei Ihnen, so ist der Irish Terrier keine ideale Wahl: Der Arbeitsterrier steckt ihm noch im Blut, unversehens könnte dieses Erbe durchbrechen und ihn blitzschnell so ein kleines Tier greifen lassen. Insgesamt ist der rote Ire ein unternehmungslustiger und relativ anpassungsfähiger Hund, der gewisse Anforderungen an das Einfühlungsvermögen und die Konsequenz seines Besitzers stellt.

Haltung: Regelmäßiges fachgerechtes Trimmen fördert die Hautgesundheit und lässt den Iren adrett und rassetypisch aussehen. Beim Irish Terrier tritt vereinzelt Hyperkeratose der Ballen (übermäßiges Hornwachstum) auf. Manche Iren, vor allem Rüden, können unter Cystinurie (siehe Glossar) und dadurch bedingten Harnwegserkrankungen leiden.

 nein   mittel   mittel   ❓ etwa 8 Jahre

Irish Wolfhound

FCI-Standard Nr. 160
Größe: Rüde mind. 79 cm,
Hündin mind. 71 cm
Gewicht: Rüde mind. 54,5 kg,
Hündin mind. 40,5 kg
Farbe: grau, gestromt, rot, schwarz, weiß,
rehbraun, auch sandfarben und
Maskenzeichnung kommt vor

Herkunft und Verbreitung: Der moderne Irish Wolfhound (IW) geht auf eine Rückzüchtung des alten irischen Windhundes zurück. Dafür wurden Hunde vom Wolfhound-Typ mit Deerhounds, Barsois und Deutschen Doggen gekreuzt.

Wesen: Der IW ist zweifellos eine imposante Erscheinung. Wolfhounds sind „sanfte Riesen", in der Regel freundlich und zurückhaltend. So vierschrötig die Hunde auch nach außen wirken mögen, so sensibel und zart besaitet sind sie, wenn es um die Liebe und Zuwendung ihres Herrn geht. Eine harte Hand vertragen sie schlecht und eine Ausbildung zum Wach- oder gar Schutzhund muss in jedem Fall unterbleiben.

Haltung: Während der Aufzucht benötigen Wolfhounds eine ausgetüftelte Ernährung. Das falsche Futter kann bei den Hunden, die bis zu neun Zentimeter im Monat wachsen, Knochen- und Gelenkstörungen provozieren. Auch die Bewegung sollte im ersten Lebensjahr kontrolliert werden, zuviel Toben oder Treppensteigen gilt es zu vermeiden. Ist der Wolfshund dann ausgewachsen, muss er regelmäßig bewegt werden und auch möglichst einmal täglich Gelegenheit zum gestreckten Lauf erhalten. Leider werden IWs (wie alle Riesenrassen) nicht alt. Knochenkrebs und Herzerkrankungen sind verbreitet, ab dem dritten Lebensjahr wird ein jährlicher Herz-Ultraschall empfohlen.

⬆ ja	🪮 mittel	⚽ mittel	❓ 12–15 Jahre

Islandhund (Islandsk Fårehund)

FCI-Standard Nr. 289
Größe: Rüde 46 cm, Hündin 42 cm
Gewicht: Rüde 15–18 kg, Hündin 14–16 kg
Farbe: viele Farben (loh, creme, rotbraun, braun, grau, schwarz), jeweils mit weißen Abzeichen, schwarze Maske und rote Abzeichen sind erlaubt

Herkunft und Verbreitung: Der Islandhund ist die einzige isländische Hunderasse, er wurde in seiner Heimat als Hüte- und Treibhund eingesetzt. Islandreiter brachten ihn nach Deutschland, wo er sich langsam steigender Beliebtheit erfreut.

Wesen: Laut Rassestandard ist er von Natur aus wachsam und begrüßt jeden Besucher voller Begeisterung, ohne aggressiv zu sein. Sein Jagdinstinkt ist nur schwach ausgebildet. Der Islandhund ist fröhlich, freundlich, neugierig, verspielt und nicht ängstlich. Er ist generell verträglich mit Artgenossen und anderen Tieren. Isländer sind anhängliche Hunde, die gerne immer in der Nähe ihrer Bezugspersonen sind. Allerdings sind sie bewegungsfreudig und sportlich, müssen ausgelastet werden, etwa mit Agility, Obedience, Hütearbeit etc. Sie eignen sich also nicht für Stubenhocker. Wichtig ist, dass nicht nur der Körper, sondern auch der Kopf gefordert wird. Stundenlanges Joggen oder neben dem Fahrrad laufen ist ihnen zu eintönig.

Haltung: Islandhunde gibt es als Langhaar und als Kurzhaar (eigentlich Stockhaar). Während des Haarwechsels müssen beide Varianten täglich gebürstet werden, um die abgestorbene Unterwolle aus dem Fell zu entfernen. Sie sind sehr gute Futterverwerter.

 ja   einfach   mittel   ? etwa 15 Jahre

Italienisches Windspiel

FCI-Standard Nr. 200
Größe: 32–38 cm
Gewicht: höchstens 5 kg
Farbe: einfarbig schwarz, grau,
schiefergrau, sand- und isabellfarben

Herkunft und Verbreitung: Es gibt schon seit vielen Jahrhunderten kleinwüchsige Windhunde. Die etwas größeren Rassevertreter wurden sicherlich zur Jagd, etwa auf Kaninchen, eingesetzt. Die kleineren waren Begleithunde des Adels.

Wesen: Windspiele sind extrovertiert und temperamentvoll, durch ihre Intelligenz und Leistungsbereitschaft lassen sie sich recht gut erziehen. Nicht optimal geeignet sind sie für die Haltung mit Kleinstkindern. Mit älteren, umsichtigen Kindern wird es keine Probleme geben. Wichtig ist eine gute Sozialisierung. Durch die zarte Gestalt neigt man zum Beschützen, was dem Windspiel nicht gut tut. Auch für die Einzelhaltung bei einer übervorsichtigen Person ist es nur bedingt geeignet. Probleme kann es mitunter aber bei Rudelhaltung mit großen, heftig spielenden Hunden geben.

Haltung: Die Umgebung sollte der Verletzungsanfälligkeit angepasst sein: Manche Windspiele neigen zu Knochenbrüchen der Gliedmaßen. Auch Patellaluxation (siehe Glossar) kommt vor. Einige Windspiele haben Allergien, auch Herzfehler treten vereinzelt auf. Sehr kleine Hündinnen können während der Säugeperiode Eklampsie (siehe Glossar) bekommen. Windspiele können narkoseempfindlich sein, auch müssen Medikamente wegen des speziellen Fett-Körpermasse-Verhältnisses ganz genau dosiert werden.

 ja   *einfach*   *hoch*   *etwa 15 Jahre*

Jack Russell Terrier und Parson Russell Terrier

FCI-Standard Nr.: JRT 345, PRT 339
Größe: JRT 25–30 cm, PRT Rüde 34–38 cm, Hündin 31–35 cm
Gewicht: JRT 1 kg pro 5 cm Schulterhöhe, PRT etwa 6–9 kg
Farbe: weiß mit oder ohne schwarze und/ oder lohfarbene Abzeichen

Herkunft und Verbreitung: Die ursprünglich als Jack Russell Terrier bekannt und beliebt gewordene britische Jagdterrier-Rasse wurde 2001 in zwei verschiedene Rassen aufgeteilt, die nun nicht mehr untereinander verpaart werden dürfen: Den hochläufigen „originalen" Typ, der jetzt als Parson Russell Terrier bezeichnet wird, und den kleineren, fast immer niederläufigen Typ, der jetzt alleine die offizielle Bezeichnung Jack Russell Terrier trägt. Diese Aufteilung wurde von

den Züchtern nicht nur begrüßt, wird doch so die Zuchtbasis eingeengt. Die kleinen „Jackies" werden überwiegend als Haus- und Begleithunde gehalten, sie sind vor allem in Reiterkreisen beliebt. Jagdlich geführt werden eher die größeren Parsons. Der Siegeszug dieser Rasse wurde von den eingefleischten Liebhabern mit einem weinenden und einem lachenden Auge betrachtet, fürchtete man doch, dass dieser harte, bisher nach reinen Leistungsmaßstäben gezogene Arbeitshund, auf Dauer den Weg eines hübschen aber unterforderten Modehundes gehen würde.

Wesen: Sein Ruf eines unangepassten, draufgängerischen Individualisten in einer handlichen und hübschen Verpackung ließ ihn zum modernen Statussymbol werden. Jackies und Parsons sind jedoch nach wie vor echte Terrier mit viel Raubzeugschärfe, was ihre Haltung mit Katzen einschränkt und mit Kleintieren wie Meerschweinchen, Kaninchen oder Hamstern

eigentlich verbietet. Sie lieben wilde Spiele und sind kaum müde zu kriegen. Daher sind sie die idealen Gefährten für sportliche, aktive Outdoor-Familien, bei denen immer etwas los ist. Man kann aber auch einen solch temperamentvollen Terrier überfordern. Übertreiben Sie es also nicht mit stumpfsinnigen Spielen wie pausenlosem Bällchenwerfen. Agility hingegen ist eine wunderbare Gelegenheit, den nicht jagdlich geführten PRT und auch den JRT zu beschäftigen. Guter Grundgehorsam ist bei dieser Rasse unerlässlich. Dabei stellt die Erziehung den Besitzer oft auf eine harte Geduldsprobe, denn diese Hunde sind äußerst erfinderisch, wenn es darum geht, ihren Willen durchzusetzen. Ihre schnelle Auffassungsgabe macht sie auf der anderen Seite aber auch sehr gelehrig für positive Dinge, und zusammen mit ihrem liebenswerten Charakter erobern sie meist die Herzen ihrer Umgebung im Sturm. Manche Rassevertreter, vor allem Rüden, sind recht rauflustig, dies

sollte man bei der Erziehung stets im Hinterkopf behalten.

Haltung: Beide Rassen gibt es in Rauhaar oder Glatthaar, den JRT außerdem noch in Stichelhaar. Ganz oder fast ganz weiße Welpen könnten taub sein, sie sollte man sicherheitshalber auf ihr Hörvermögen testen. Bei beiden Rassen sind recht wenige Krankheiten bekannt. Ab und zu können Augenprobleme (Linsenluxation) und auch Patellaluxation (siehe Glossar) auftreten.

Foto diese Seite: Parson Russell Terrier
Foto vorhergehende Seite: Jack Russell Terrier

 ja   mittel   mittel   10–14 Jahre

Kerry Blue Terrier

FCI-Standard Nr. 3
Größe: Rüde 45,5–49,5 cm,
Hündin 44,5–48 cm
Gewicht: Rüde 15–18 kg,
Hündin etwas weniger
Farbe: blau

Herkunft und Verbreitung: Der „Kerry" stammt von irischen Allroundhunden ab, die gleichzeitig als Haus-, Hof-, Wach-, Schäfer- und Jagdhunde dienten. Mit 50 bis 60 Welpen pro Jahr gehört er in Deutschland zu den eher seltenen Rassen.

Wesen: Der Kerry ist ein intelligenter, aufmerksamer, verspielter und bewegungsfreudiger Hund. Er benötigt eine einfühlsame aber konsequente Erziehung und Beschäftigung, sowohl körperlich als auch Kopfarbeit, um seine guten Anlagen entfalten zu können. Falls längere Spaziergänge einmal entfallen müssen, kann man ihn mit Unterordnungs- und Suchaufgaben im Haus beschäftigen. Er eignet sich für viele Hundesportarten: Agility, Obedience, aber auch für die Fährten- und Rettungshundeausbildung. Wichtig ist, dass er ins Familienleben einbezogen wird und immer bei seinen Bezugspersonen sein kann.

Haltung: Wegen seines weichen Fells ist der Kerry einer der wenigen Terrier, dessen Haar nicht getrimmt, sondern geschnitten wird. Wenn man seinen Kerry ausstellen möchte, erfordert die rassetypische Fellpflege einige Aufmerksamkeit. Als Familien- oder Gebrauchshund ist regelmäßiges Kämmen und Bürsten alle zwei bis drei Tage, Waschen und Kürzen (alle vier bis sechs Wochen) ausreichend. Bei nachlässiger Pflege neigt das Haar zum Verfilzen, ein gepflegter Kerry haart dafür nicht. Kerrys sind gesundheitlich recht robust und langlebig.

 eingeschränkt   einfach   hoch   ❓ etwa 13 Jahre

Kleiner Münsterländer

FCI-Standard Nr. 102
Größe: Rüde 52–56 cm, Hündin 50–54 cm
Gewicht: 17–25 kg
Farbe: braun-weiß, Braunschimmel mit braunen Platten oder Mantel, mit oder ohne Brand

Herkunft und Verbreitung: Der heutige Kleine Münsterländer (KlM) geht auf langhaarige Wachtelhunde zurück, die als Vorstehhunde zur Spurensuche und zum Apportieren eingesetzt wurden und nebenbei auch Haus und Hof bewachten. Die deutsche Rasse wird auch „Heidewachtel" genannt. Heute ist die kleinste deutsche Vorstehhundrasse bei Jägern sehr beliebt, um die 1100 Welpen werden jährlich eingetragen.

Wesen: Der intelligente und menschenbezogene Hund braucht eine konsequente Erziehung, um seine guten Anlagen voll entwickeln zu können. Als vielseitiger Jagdgebrauchshund, der über große Wasserpassion und in der Regel auch über Raubzeugschärfe verfügt, wird der KlM seit Anfang des 20. Jahrhunderts planmäßig gezüchtet und auf Leistung selektiert – das macht seine Haltung als reiner Familienhund nicht unproblematisch. So hübsch und sanft der KlM auch aussieht: Er ist kein Hund, der einfach so nebenher läuft, sondern muss gefordert und ausgelastet werden, am besten jagdlich. Deshalb werden KlM nur selten an Nichtjäger abgegeben. Der gut erzogene und ausgelastete KlM ist freundlich, anhänglich, lebhaft und verträglich.

Haltung: Sein schlichtes Langhaar macht ihn wetterhart, erfordert aber etwas Pflege. Durch die Leistungsselektion sind KlM recht gesunde und langlebige Hunde ohne rassespezifische Erkrankungen.

 ja   *mittel*   *gering bis mittel*   ? *12–15 Jahre*

Kontinentaler Zwerg-spaniel, Epagneul nain continental: Papillon (stehohrig) und Phalène (hängeohrig)

FCI-Standard Nr. 77

Größe: etwa 28 cm

Gewicht: zwei Kategorien, Kategorie 1: unter 2,5 kg, Kategorie 2: Rüden von 2,5– 4,5 kg und Hündinnen von 2,5–5 kg

Farbe: weiße Grundfarbe mit farbigen Flecken

Herkunft und Verbreitung: Schon vor vielen hundert Jahren waren französische und belgische Zwergspaniels beliebte Gesellschaftshunde des Adels. Früher kannte man nur die hängeohrige Variante, erst im 19. Jahrhundert entstanden durch Einkreuzungen von Zwergspitzen und Chihuahuas stehohrige Zwergspaniels. Diese sind heute beliebter und weiter verbreitet.

Wesen: Papillon und Phalène sind muntere, kleine Schoßhündchen, hervorragend für ältere Menschen geeignet. Sie sind aufgeweckt und extrem anhänglich, dabei anpassungsfähig und auch gut zu mehreren zu halten. Papillons suchen engen Kontakt zu ihrem Besitzer und reagieren äußerst sensibel auf unwirsche oder grobe Behandlung. Man sagt dem Papillon ein temperamentvolleres und bellfreudigeres Wesen nach als dem Phalène. Beide Schläge eignen sich nur bedingt für die Haltung mit Kleinkindern. Papillons sind recht leistungsfähig und lerneifrig, vor allem die größeren Exemplare halten gut bei Wanderungen und auf dem Agility-Parcours mit.

Haltung: Zwergspaniels eignen sich gut zur Wohnungshaltung, allerdings animieren sich mehrere Hunde gegenseitig zum Bellen. Auf Treppen sollten die Tierchen getragen werden, dies schont die manchmal anfälligen Kniegelenke.

ja	je nach Haartyp einfach bis mittel	mittel	12–14 Jahre

Kromfohrländer

FCI-Standard Nr. 192
Größe: 38–46 cm
Gewicht: Rüde 11–16 kg, Hündin 9–14 kg
Farbe: weiß mit roten Abzeichen

Herkunft und Verbreitung: Der Kromfohrländer ist eine recht junge deutsche Hunderasse, er wurde erst 1955 anerkannt. Das Zuchtziel war nie eine besondere Leistung, sondern ein ausgeglichener, fröhlicher Begleithund. Außerhalb Deutschlands ist diese Rasse so gut wie unbekannt, und selbst hierzulande trifft man sie eher selten an. Die jährlichen Welpenzahlen pendeln zwischen 200 und 250 Tieren.

Wesen: Seine mittlere Größe sowie sein pflegeleichtes Fell prädestinieren ihn zum unkomplizierten Familienhund. Fremden gegenüber ist er etwas zurückhaltend und auch Kinder, wenn er nicht mit ihnen aufgewachsen ist, können

ihm unter Umständen zu zudringlich werden. Generell gelten Kromfohrländer als intelligent, fröhlich und wachsam. Auch wenn verschiedene Jagdhunderassen an seiner Entstehung beteiligt waren, soll der Kromfohrländer keinen starken Jagdtrieb besitzen. Für sportliche Aktivitäten ist er bestens geeignet, man kann ihn sehr gut in Agility, Obedience und ähnlichen Hundesportarten führen.

Haltung: Es gibt verschiedene Haararten, naturgemäß ist der kurzhaarige der pflegeleichteste, lang- und rauhaarige sind etwas aufwendiger. Viele rauhaarige „Kromis" werden getrimmt. Gelegentlich treten Fälle von Epilepsie, Katarakt (siehe Glossar) und Hyperkeratose (überschießendes Hornwachstum der Ballen) auf. Generell gilt der Kromfohrländer aber als gesunde Rasse.

nein	mittel	mittel	10–13 Jahre

Kuvasz

FCI-Standard Nr. 54
Größe: Rüde 71–76 cm, Hündin 66–70 cm
Gewicht: Rüde 48–62 kg, Hündin 37–50 kg
Farbe: weiß, elfenbeinfarben

Herkunft und Verbreitung: Ungarischer Hirtenhund zum Schutz der Herde.

Wesen: Man sieht diesem wunderschönen Hund nicht an, dass seine Vorfahren in der ungarischen Puszta unter rauen Bedingungen große Herden beschützten. Seit rund 80 Jahren wird die Rasse nun in Deutschland als Familien- und Begleithund gezüchtet. Dennoch ist der selbstbewusste, hochintelligente und majestätische Kuvasz nur bedingt geeignet für Anfänger oder für Leute, die nicht bereit sind, sich intensiv mit seiner Sozialisierung und Erziehung zu befassen und ihn als vollwertiges Familienmitglied zu integrieren. Man braucht die richtige Mischung aus Geduld und Konsequenz, um sich das Vertrauen und den Respekt eines Kuvasz zu verdienen. Hat er einmal die Rangordnung in der Familie akzeptiert, so ist er ein zuverlässiger Familienhund und Freund – ein unterwürfiger „Diener" wird er hingegen nie sein. Für eine Schutzhundausbildung ist der Kuvasz nicht geeignet, da sein natürlicher Schutztrieb nicht noch verstärkt werden sollte.

Haltung: Ideal ist die Haltung in einem Haus mit großem, umzäuntem Grundstück. Bis auf die bei großen Rassen leider häufigen Gelenkprobleme ist der Kuvasz eine gesundheitlich recht robuste Rasse. Kälte erträgt er besser als Hitze. PRA (erbliche Augenerkrankung) war eine Zeitlang verbreitet, ist aber heute dank Gentest und Zuchtkontrolle in VDH-Zuchten kein Problem mehr.

eingeschränkt	einfach	hoch	etwa 12 Jahre

Labrador Retriever

FCI-Standard Nr. 122
Größe: Rüde 56–57 cm, Hündin 54–56 cm
Gewicht: 26–37 kg, je nach Geschlecht und
Typ
Farbe: gelb, schwarz, braun

Herkunft und Verbreitung: Die Vorfahren des „Labbis" stammen aus Neufundland (Kanada), in Großbritannien wurde er dann als Apportierhund für Wassergeflügel reingezüchtet und als Rasse etabliert. Heute gehört er weltweit zu den beliebtesten Hunderassen. Er ist ein Allroundtalent, wird als Jagdhund, Rettungshund, Drogen- und Sprengstoffsuchhund sowie als Blinden- und Therapiehund eingesetzt.
Wesen: Der Labrador bewährt sich tausendfach als loyaler, immer freundlicher Familienhund mit einem starken Nervenkostüm. Er spielt und tobt unermüdlich und verträgt sich norma-

lerweise gut mit anderen Hunden. Labradore lieben Wasser, keine Gelegenheit zu einem Bad bleibt ungenützt. Sie sind intelligent, lassen sich leicht erziehen und schmusen für ihr Leben gerne. Lediglich ihr Jagdtrieb lässt sie während eines Spazierganges schon mal durchbrennen. Da die Nachfrage nach Labrador-Welpen in den letzten Jahren deutlich anstieg, ist es sehr wichtig, einen Hund aus seriöser Zucht zu wählen. Schlecht sozialisierte Welpen aus Massenzuchten können unter Umständen ängstlich oder übernervös sein – beides sind für den Labrador absolut untypische und unerwünschte Eigenschaften.
Haltung: Achten Sie auf HD- (siehe Glossar) und ED-freie Elterntiere. Halten Sie Ihren Hund schlank, denn Labradore sind begeisterte Fresser und gute Futterverwerter.

 nein   mittel   mittel   etwa 10 Jahre

Landseer

FCI-Standard Nr. 226
Größe: Rüde 72–80 cm, Hündin 67–72 cm
Gewicht: Rüde 60–75 kg, Hündin 50–55 kg
Farbe: weiß-schwarz

Herkunft und Verbreitung: Der Landseer ging aus schwarz-weißen Neufundländern hervor. Er ist in Deutschland keinem breiten Publikum bekannt, dafür hat er eine treue Fangemeinde.
Wesen: Es gibt beim Landseer ziemlich unterschiedliche Varianten in punkto Körperbau und Temperament. Generell sind sie menschenfreundliche Hunde, die zwar ihr Terrain bewachen, aber nicht den starken Protektionstrieb der Herdenschutzhunde an den Tag legen. Allein seiner Größe wegen braucht natürlich auch ein Landseer eine solide Grunderziehung und konsequente Eingliederung ins menschliche Rudel. Viele Landseer sind Wasserratten und apportieren gerne Gegenstände aus dem Wasser. Manche werden als Wasserrettungshunde ausgebildet. Auch ziehen viele von ihnen, bei der entsprechenden Heranführung und Gewöhnung, den Kinderschlitten oder ein Wägelchen beim Spaziergang.
Haltung: Wie alle sehr großen, langhaarigen Hunde sollte der Landseer jederzeit die Möglichkeit haben, sich im Freien aufzuhalten, wobei er immer die Nähe zu seinen Menschen suchen wird. Im Allgemeinen sind Landseer recht pflegeleicht, nur die regelmäßige Ohrenkontrolle und das wöchentliche Bürsten (während des Haarwechsels häufiger) sind obligatorisch.
Die gesundheitlichen „Schwachstellen" liegen beim Landseer, wie bei den meisten großen und schweren Hunderassen, im Bereich der Gelenke und des Herz-Kreislauf-Systems.

nein	mittel	mittel	8–10 Jahre

Leonberger

FCI-Standard Nr. 145
Größe: Rüde 72–80 cm (ideal 76 cm),
Hündin 65–75 cm (ideal 70 cm)
Gewicht: Rüde 55–75 kg, Hündin 45–60 kg
Farbe: löwengelb, rot, rotbraun,
sandfarben, jeweils mit schwarzer Maske

Herkunft und Verbreitung: Der Leonberger wurde als imposanter Haus- und Begleithund gezüchtet, der optisch dem Löwen im Wappen seiner Heimatstadt Leonberg ähneln sollte. Seine Ahnen sind Neufundländer, Bernhardiner und Pyrenäenberghunde.

Wesen: Wie seine Vorfahren ist der Leonberger ein menschenfreundlicher, ruhiger Hund, der bei Bedarf durchaus Wach- und Schutzpotential hat. Eine konsequente Erziehung und Einordnung ins menschliche Rudel ist beim Leonberger wichtig, denn auch der seelenvollste „Leo" kann alleine durch seine imposante Größe hundeängstliche Mitmenschen einschüchtern. Betreiben Sie also mit einem gut erzogenen und souveränen Tier positive Öffentlichkeitsarbeit. Man liest immer wieder, dass Leonberger keinen Jagdtrieb hätten. Dies kann aber bei keiner Rasse verallgemeinert werden, und es gibt durchaus auch Leonberger, die Wild hetzen.

Haltung: Leonberger benötigen eine sorgfältige Aufzucht und qualitativ hochwertiges Futter. Nicht zu früh sollte der Bewegungsapparat überlastet werden, um Folgeschäden zu vermeiden. Beim ausgewachsenen Tier hält sich der Bewegungsdrang in Grenzen. Gewaltmärsche, vor allem im Sommer, sportliche Höchstleistungen beim Agility und ähnliche Aktivitäten sind sicherlich für leichtere und kleinere Hunderassen besser geeignet.

 ja · aufwendig · mittel · [?] etwa 15 Jahre

Lhasa Apso

FCI-Standard Nr. 227
Größe: Rüde 25,4 cm, Hündin etwas kleiner
Gewicht: 5–9 kg
Farbe: gold-, sand-, honigfarben,
graumeliert, schiefer-, rauchgrau, schwarz,
weiß, braun, zweifarbig

Herkunft und Verbreitung: Lhasa Apsos stammen aus Tibet und wurden dort bereits vor Jahrhunderten in Klöstern und als kleine Begleithunde gehalten. Anfang des 19. Jahrhunderts kamen die ersten Hunde nach Europa und wurden zunächst in England gezüchtet.
Wesen: Wenn man das überhaupt von einem Tier sagen kann, so lässt sich der Lhasa am ehesten als stolz beschreiben. Der selbstbewusste und eigenwillige kleine Hund betrachtet sich als vollwertiges Familienmitglied. Fremden gegenüber ist er reserviert. Lhasas sind sehr wachsam, ohne ausgesprochene Kläffer zu sein. Sie sind keine Schoßhunde, sondern lieben Bewegung und Ausflüge bei Wind und Wetter.
Haltung: Das üppige Haarkleid kann bis zum Boden wachsen und erfordert bei Ausstellungshunden eine aufwendige Pflege. Familienhunde tragen ihr Fell in der Regel etwas kürzer, was die Bewegungsfreiheit des Hundes sowie die tägliche Pflege erleichtert. Soll der Hund sein langes Haar behalten, reichert man seine Ernährung mit einer Extraportion essentieller Fettsäuren (etwa in Nachtkerzenöl) an. Wie alle sehr langhaarigen Hunde wird der Lhasa regelmäßig gewaschen und danach mit einer Spülung behandelt. Generell sind Lhasa Apsos langlebige und robuste Hunde, vereinzelt kommen Augenerkrankungen, Patellaluxation (siehe Glossar) oder Bandscheibenvorfälle vor.

 eingeschränkt   einfach   hoch   etwa 12 Jahre

Magyar Vizsla (Ungarischer Vorstehhund)

FCI-Standard Nr.: Kurzhaar 57, Drahthaar 239
Größe: Rüde 58–64 cm, Hündin 54–60 cm
Gewicht: 25–35 kg
Farbe: semmelgelb

Herkunft und Verbreitung: Der Vizsla geht auf Spürhunde zurück und wurde im Zuge seiner Reinzucht mit Pointer und Deutsch Kurzhaar gekreuzt. Der drahthaarige Vizsla entstand durch Einkreuzung von Deutsch Drahthaar. Diese seltenere Variante ist bis heute fast ausschließlich in Jägerhand zu finden, der Kurzhaar-Vizsla entwickelt sich in den letzten Jahren auch zunehmend zu einem beliebten Begleithund von Nichtjägern.

Wesen: Vizslas sind sensibel und gelehrig, sie brauchen viel Aufmerksamkeit und vertragen keine zu harte Erziehung. Sie sind wegen ihres aparten Äußeren und ihres liebevollen und leichtführigen Wesens auch zunehmend beliebte Familienhunde, wobei man keinesfalls vergessen darf, dass es sich um Jagdgebrauchshunde handelt, die man nicht unterfordern darf. Die kurzhaarige Variante eignet sich eher zum Einsatz im Feld, Drahthaar-Vizslas sind in jagdlicher Hinsicht vielseitiger. Wenn der Vizsla nicht jagdlich ausgebildet und geführt wird, muss man ihm ein adäquates Betätigungsfeld bieten. Unterforderte Viszlas sind keine angenehmen Begleiter, da sie ständig auf der Suche nach einer Beschäftigung sind, was sich in hyperaktivem Verhalten äußern kann.

Haltung: Beide Fellvarianten sind pflegeleicht, die kurzhaarigen sind naturgemäß temperaturempfindlicher als die rauhaarigen. Rassetypische Erkrankungen sind nicht bekannt.

nein	mittel	gering	etwa 10 Jahre

Mastiff
(Old English Mastiff)

FCI-Standard Nr. 264
Größe: Rüde ab circa 80 cm, Hündin ab circa 70 cm
Gewicht: Rüde 90–100 kg, Hündin 65–80 kg
Farbe: apricot, silberbraun oder gestromt mit schwarzer Maske

Herkunft und Verbreitung: Der Mastiff gilt als sehr alte Rasse, die in ihrer Heimat England seit Jahrhunderten als Schutz- und Wachhund auf herrschaftlichen Anwesen eingesetzt wird. In Deutschland gehört er mit jährlich etwa 50 Welpen zu den seltenen Rassen.

Wesen: Der Mastiff ist gelassen und dennoch wachsam. Der typische Mastiff hat eine hohe Reizschwelle und lässt sich mit liebevoller Konsequenz gut erziehen. Sein freundliches und anhängliches Wesen macht ihn prinzipiell zu einem guten Familienhund. Grenzen sind allerdings in mancherlei Hinsicht durch seine Größe und sein Gewicht gesetzt. Aufgrund seiner Maße eignet er sich auch nicht unbedingt als sportlicher Begleiter ausgedehnter Wanderungen.

Haltung: Die Anschaffung und Haltung eines Mastiffs sind nicht billig, auch sollten der entsprechende Platz und ein großes Auto vorhanden sein. Viele Mastiffs speicheln ausgiebig – nichts für Pingelige. Wie bei allen Riesenrassen sind Gelenke und Herz gesundheitliche Schwachstellen, auch Knochenkrebs kommt immer wieder vor. Als großrahmiger Hund neigt der Mastiff zu Magendrehungen, deshalb sollte das Futter auf mehrere kleine Portionen täglich verteilt werden. Mastiffs müssen in manchen Bundesländern einen Wesenstest absolvieren, um ohne Auflagen gehalten werden zu können.

🔼 ja	🧹 einfach	⚽ gering	❓ 12–14 Jahre

Mops

FCI-Standard Nr. 253
Größe: etwa 30 cm
Gewicht: 6,3–8,1 kg
Farbe: silber, apricot, hellfalb, jeweils mit
schwarzer Maske, schwarz

Herkunft und Verbreitung: Die Vorfahren des
Mopses sollen aus China stammen. In Europa
wird er seit vielen Jahrhunderten gehalten und
erlebt heute nach Jahrzehnten stiefmütterlichen
Daseins einen Aufschwung.

Wesen: Heute ist es „in", einen Mops zu halten,
und tatsächlich sind diese putzigen Hunde wunderbare Gesellschafter. Gut gelaunt, freundlich
und ausgeglichen begleiten sie ihren Besitzer
gerne überallhin. Achten Sie bei der Züchterauswahl darauf, dass seine Hunde munter, lebhaft
und agil sind. Im Zweifelsfall wählen Sie eher
ein Tier mit etwas längerer Nase und längerem

Hals, auch wenn es auf einer Ausstellung ge-
ringere Chancen hätte. Lange Wanderungen im
Hochgebirge sind nichts für ihn. Regelmäßige
Bewegung braucht aber auch der Mops, um fit
zu bleiben – auch dann, wenn man ihn dazu
überreden muss.

Haltung: Möpse sind keine Sportskanonen, dies
liegt an ihrem verkürzten Gesichtsschädel und
Rachen. Viele Möpse schnarchen deshalb im
Schlaf und bei Aufregung. Vor allem im Sommer
muss der Mops vor Hitze geschützt werden. Er
ist ein guter Futterverwerter und begeisterter
Fresser. Mopsaugen sind verletzungsanfällig:
Wie bei allen kurzköpfigen Rassen kann es
durch Kopfverletzungen leichter zu Hornhautverletzungen oder gar Augapfelvorfall kommen.
Auch die Ohren und die Gesichtsfalten müssen
regelmäßig kontrolliert und bei Bedarf gereinigt
werden.

	nein		aufwendig		gering bis mittel		etwa 10 Jahre

Neufundländer

FCI-Standard Nr. 50
Größe: Rüde etwa 71 cm, Hündin etwa
66 cm
Gewicht: Rüde etwa 68 kg, Hündin etwa
54 kg
Farbe: schwarz, braun, schwarz-weiß

Herkunft und Verbreitung: Die Rasse stammt von der kanadischen Insel Neufundland, wo sie als Zughund und als Wasserrettungshund eingesetzt wurde.

Wesen: Neufundländer gelten als freundlich und unkompliziert, auch mit Artgenossen und anderen Tieren verstehen sie sich normalerweise gut. Neufundländer lieben es, auf einem Platz in ihrem Revier zu thronen und das Geschehen in Haus und Hof zu beobachten. Nur selten wird man einen hektischen oder nervösen „Neufi" erleben. Er ist der richtige Hund für freundliche, gemütliche Menschen mit viel Platz, einem großen Auto und einem Herz für „bärige" Hunde. Wenn Sie ihm dann noch die Möglichkeit zum Schwimmen, vielleicht sogar zur Wasserarbeit (wird über die entsprechenden Rasseklubs organisiert), bieten können, ist er ganz in seinem Element.

Haltung: Penibel sollten Sie nicht sein, denn ein Neufundländer kann einiges an Schmutz ins Haus schleppen. Viele Neufis speicheln, und während des Haarwechsels fällt einiges an Pflegeaufwand an. Gesundheitliche Schwachstellen können das Herz, Hüft- und Ellebogengelenke sowie – vereinzelt auftretend – Cystinurie (Harnkristalle) und Entropium (eingerollte Augenlider) sein. Viele Neufundländer sind hitzeempfindlich, sie sollten vor allem im Sommer ein schattiges, kühles Plätzchen haben. Vermeiden Sie jegliches Übergewicht bei diesem Hund.

ja	mittel	hoch	etwa 13 Jahre

Norwich Terrier und Norfolk Terrier

FCI-Standard Nr.: Norwich Terrier 72, Norfolk Terrier 272
Größe: 25–26 cm
Gewicht: 5–6 kg
Farbe: rot, weizenfarben, schwarz-loh, grizzle

Herkunft und Verbreitung: Die Vorfahren dieser kleinen Terrier wurden in England zur Ratten- und Mäusejagd eingesetzt.

Wesen: Norwich und Norfolk Terrier sind ausgesprochen menschenfreundliche und anhängliche kleine Terrier. Sie eignen sich sehr gut als Familien- und Begleithunde. Mit Kindern verstehen sich die fröhlichen und verspielten Hunde in der Regel sehr gut, man muss allerdings die sehr kleinen Welpen vor zu ungestümen Kindern etwas beschützen. Wie die meisten sehr kleinen Rassen eignen sie sich daher am besten für Familien mit etwas größeren, vernünftigen Kindern. Beide Rassen sind verträglich mit Artgenossen und lassen sich gut zu mehreren halten. Sie sind keine Schoßhunde, sondern recht robuste Kerlchen, die auf ihre Ausflüge bei Wind und Wetter bestehen.

Haltung: Beide Terrier gehören zu den kleinsten Hunderassen. Durch ihre geringe Größe eignen sie sich gut für die Haltung auch in beengten Verhältnissen. Das dichte Rauhaar sollte mehrmals jährlich getrimmt (nicht geschoren) werden. Beim Norwich Terrier kommt das „Obere Luftweg-Syndrom" vor, das zu Atembeschwerden unterschiedlicher Schweregrade führen kann. Durch die Zucht auf einen relativ kurzen Körper kommt es vor allem beim Norwich Terrier vereinzelt zu Geburtsproblemen.

Foto: Norfolk Terrier

 ja   *einfach*   *hoch*   *12–14 Jahre*

Nova Scotia Duck Tolling Retriever

FCI-Standard Nr. 312
Größe: Rüde 48–51 cm, Hündin 45–48 cm, jeweils +/- 2,5 cm zulässig
Gewicht: Rüde 20–23 kg, Hündin 17–20 kg
Farbe: rot in verschiedenen Schattierungen, meist mit weißen Abzeichen

Herkunft und Verbreitung: Der „Toller" wird zum Anlocken von Enten eingesetzt, indem er auffällig am Ufer umher springt. Die Enten werden vom Jäger erlegt und anschließend vom Toller aus dem Wasser apportiert. Diese Jagdweise beobachteten Siedler an kanadischen Indianerhunden und kreuzten diese unter anderem mit Collies und Settern etc. Diese kleinste der Retrieverrassen war bis vor etwa zehn Jahren in Deutschland nahezu unbekannt und erlebt in letzter Zeit einen deutlichen Aufschwung.

Wesen: Toller sind gute Familienhunde: fröhlich, aktiv, intelligent und oft verspielt bis ins hohe Alter. Bei entsprechender Sozialisierung verstehen sie sich sehr gut mit Kindern, Artgenossen und anderen Tieren. Durch ihre rasche Auffassungsgabe und ihren Spieltrieb lassen sie sich sehr gut in diversen Hundesportarten wie Obedience, Agility. Flyball etc. führen. Besonders geeignet ist rassegemäß die Dummy-Arbeit. Fremden gegenüber kann er etwas reserviert sein.

Haltung: Toller sind robuste Hunde ohne rassetypische Erkrankungen, vereinzelt treten Augenerkrankungen auf. Da das Interesse an dieser Rasse in den letzten Jahren stark zugenommen hat, ist es wichtig, in der Zucht auf Erhaltung der Gesundheit zu achten.

 ja   aufwendig   gering   ❓ etwa 14 Jahre

Pekingese, Peking-Palasthund

FCI-Standard Nr. 207
Größe: 18–20 cm
Gewicht: Rüden nicht über 5 kg,
Hündinnen nicht über 5,4 kg
Farbe: alle Farben und Zeichnungen außer
leberfarben und Albinos

Herkunft und Verbreitung: Pekingesen wurden schon vor Jahrhunderten in China als sogenannte „Ärmelhündchen" gehalten. Sie mussten nie einen bestimmten Zweck erfüllen, sondern sind seit jeher reine Gesellschaftshunde.
Wesen: Der Pekingese ist unabhängig und selbstbewusst, dabei zärtlich und spielfreudig. Wenn Sie ein verständnisvoller, eher gemütlicher Mensch sind, so könnte ein Pekingese ausgezeichnet zu Ihnen passen: Der anschmiegsame Individualist braucht nicht allzu viel Auslauf und möchte einfach an Ihrer Seite sein. Er verlangt keine sportliche Auslastung, sondern ist mit kleinen Such- und Bringspielen gut zu beschäftigen.
Haltung: Sein Fell erfordert viel Pflege und auch sämtliche Körperöffnungen müssen täglich kontrolliert und gegebenenfalls gesäubert werden. Gewöhnen Sie Ihren „Peken" früh an die Pflegeprozedur, denn ein sich wehrender Hund kann das Bürsten unmöglich machen. Vernachlässigt man das Fell, verfilzt es rasch – schlimme Hautentzündungen können die Folge sein. Kontrollieren Sie sein Gewicht, setzten Sie ihn im Zweifelsfall auf die Waage, da das üppige Fell so manches Fettpölsterchen kaschiert. Treppensteigen ist tabu! Peken, vor allem übergewichtige, neigen zu Bandscheibenvorfällen. Auch Atembeschwerden (Brachyzephalie-Syndrom, siehe Glossar) und Augenverletzungen kommen vor.

 eingeschränkt   einfach   mittel   12–14 Jahre

Podenco Ibicenco (Balearen-Laufhund)

FCI-Standard Nr. 89
Größe: Rüde 66–72 cm, Hündin 60–67 cm
Gewicht: 19–30 kg
Farbe: rot, weiß, weiß-rot

Herkunft und Verbreitung: Stehohrige Laufhunde gibt es schon seit Jahrhunderten im gesamten Mittelmeerraum. Auf den Baleareninseln Mallorca, Ibiza, Menorca und Formentera wurden und werden sie zur Jagd auf Kaninchen eingesetzt, die sie lebend fangen und ihrem Herrn bringen. Die meisten zurzeit in Deutschland lebenden Podencos stammen von Tierschutzorganisationen, die die Hunde aus Spanien nach Deutschland bringen.

Wesen: Podencos haben einen ausgeprägten Jagdtrieb, der die Haltung in unseren dicht besiedelten Gefilden erschweren kann. Vor allem Tierschutzhunde, die kaum oder wenig Sozialisation erfahren haben, können ein ängstliches Verhalten zeigen. Podencos, die vom Welpenalter an das Leben in unserer modernen Gesellschaft gewöhnt werden, sind freundliche, etwas zurückhaltende Hunde, die sich immer eine gewisse Unabhängigkeit bewahren. Sie vertragen sich in der Regel gut mit Artgenossen, vor allem mit anderen Podencos und Windhunden. Eine geeignete Beschäftigung ist das Coursing.

Haltung: Die harte Leistungsauslese schuf einen gesundheitlich robusten Hund, der allerdings in der Kurzhaarvariante etwas kälteempfindlich ist. Neben dem Kurzhaar gibt es auch Rau- und Langhaarpodencos. Podencos gehören zu den Hunderassen, die fast immer resistent gegen Leishmaniose (eine typische Mittelmeerkrankheit) sind.

 eingeschränkt   aufwendig   mittel   13–16 Jahre

Polski Owczarek Nizinny (Polnischer Niederungs-hütehund, PON)

FCI-Standard Nr. 251
Größe: Rüde 45–50 cm, Hündin 42–47 cm
Gewicht: Rüde 17–21 kg, Hündin 15–19 kg
Farbe: alle Farben erlaubt

Herkunft und Verbreitung: Der PON ist ein bodenständiger polnischer Hütehund und war bis weit in die die 70er Jahre in Deutschland absolut unbekannt.

Wesen: Als Interessent sollte man sich bewusst sein, dass der PON bis vor Kurzem ausschließlich als harter, leistungsorientierter Hütehund eingesetzt wurde. Er ist sehr auf sein Rudel, seine Menschen bezogen. Fremden begegnet er mit Zurückhaltung. Eine frühe und sorgfältige Sozialisierung ist sehr wichtig, genauso wie eine konsequente, geradlinige aber liebevolle Erziehung. Der PON ist kein aggressiver Hund. Er weiß aber menschliche Inkonsequenz auszunutzen und kann recht herrisch werden. Er ist sportlich und für viele Aktivitäten zu begeistern.

Haltung: Auch wenn er sich gerne im Freien aufhält, ist eine Zwingerhaltung für diesen geselligen Hund indiskutabel. Bei Schmuddelwetter bringt ein PON ziemlich viel Schmutz ins Haus. Früher wurden bei vielen PONs die Ruten kupiert, heute ist dies zum Glück nicht mehr erlaubt. Welpen sollten bis zum Alter von etwa einem halben Jahr Treppen hinauf und hinunter getragen werden, um Gelenk- und Knorpelschäden vorzubeugen. Vereinzelt kommen Herzerkrankungen vor. Die Hunde sind meist leidenschaftliche Fresser und neigen daher zu Übergewicht und Magen-Darm-Verstimmungen.

🔺 ja	🖌️ aufwendig	⚽ mittel	❓ 14–17 Jahre

Pudel

FCI-Standard Nr. 172
Größe: Toypudel unter 28 cm, Zwergpudel
28–35 cm, Kleinpudel 35–45 cm, Großpudel
45–62 cm
Gewicht: Toypudel 2–4 kg,
Zwergpudel 5–7 kg, Kleinpudel 8–12 kg,
Großpudel 15–22 kg
Farbe: schwarz, weiß, braun, silber, apricot,
rot. In Deutschland werden zusätzlich die
Farben harlekin (gescheckt) sowie black-
and-tan gezüchtet (nicht international
anerkannt).

Herkunft und Verbreitung: Der Pudel geht auf französische Wasserhunde zurück, seit vielen Generationen wird er allerdings nicht mehr als Jagd- sondern als Haus- und Begleithund geschätzt. Für seine Liebhaber ist er der intelligenteste und treueste Hund überhaupt, für andere Menschen ist er der Inbegriff des vermenschlichten, künstlichen Schoßtieres. In Deutschland ist der Pudel nicht mehr der Modehund, der er in den 1950er Jahren war. Heute entscheiden sich relativ wenig jüngere Leute oder Familien für einen Pudel – zu Unrecht!

Wesen: Die mittelgroßen und großen Pudelschläge sind sportliche, fröhliche Hunde, die leicht zu erziehen und in aller Regel frei von Aggressionen sind. Toypudel sind nur eingeschränkt für den turbulenten Alltag mit Kleinkindern geeignet, da sie sehr zart und mitunter auch etwas nervös sind. Vor allem die kleineren Schläge können sehr bellfreudig sein, wenn sie nicht von klein auf erzieherisch in ihre Schranken gewiesen werden. Pudel sind für jeden Schabernack zu haben und machen jede Freizeitaktivität mit. Sie sind meist sehr stark auf ihren Besitzer fixiert, begegnen aber bei entsprechender Sozialisierung auch anderen Menschen freundlich und aufgeschlossen.

Eigentlich ist es an der Zeit, dem Pudel zu einem Comeback als Familienhund zu verhelfen. Vor allem der Großpudel führt ein viel zu wenig beachtetes Schattendasein, das dieser kluge, anhängliche und angenehme Hund nicht verdient.

Haltung: Wenn man sich einen Pudel zulegt, muss man sich über den erhöhten Aufwand der Fellpflege im Klaren sein. Ein Besuch im Hundesalon alle sechs Wochen ist beim Pudel ein Muss. Ungepflegte Pudel verfilzen in kürzester Zeit. Dies sieht nicht nur hässlich aus, sondern führt auch sehr schnell zu Hauterkrankungen, Parasitenbefall und penetrantem Gestank. Mit seinem hohen Durchschnittsalter von 13 Jahren gehört der Pudel zu den langlebigsten Rassen überhaupt. Manche Rassevertreter erkranken an bestimmten Stoffwechselstörungen wie Diabetes oder Nebennierenüberfunktion, bei vielen Tieren dürfte dies aber auf Haltungs- und Ernährungsfehler (Überfütterung, Süßigkeiten) zurückzuführen sein. Vereinzelt treten Epilepsie und Augenerkrankungen auf. Die kleineren Schläge neigen zu Zahnstein, bei weißen und apricotfarbenen Toy- und Zwergpudeln können verlegte Tränenkanäle zu braunen Tränenstraßen unter den Augen führen. Auch Ohrentzündungen treten beim Pudel immer wieder auf. Neben der Fellpflege ist also eine regelmäßige Kontrolle und Reinigung der Ohren, Augen und Zähne sowie eine gesunde, nicht zu reichliche Ernährung nötig, um den Pudel über viele Jahre fit und gesund zu halten.

Foto diese Seite: Großpudel
Foto vorhergehende Seite: Kleinpudel

 nein   aufwendig   mittel   10–12 Jahre

Pyrenäenberghund (Chien de Montagne des Pyrénées)

FCI-Standard Nr. 137
Größe: Rüde 70–80 cm, Hündin 65–75 cm
Gewicht: Rüde 50–60 kg, Hündin 40–50 kg
Farbe: weiß ohne Abzeichen, weiß mit grauen und/oder dachsfarbenen Abzeichen

Herkunft und Verbreitung: In den französischen Pyrenäen beschützten diese Hunde die Herden vor Bären, Wölfen und Räubern.

Wesen: Typisch für Herdenschutzhunde sind Eigeninitiative, Mut und Verteidigungsbereitschaft. Typisch für den „Pyri" ist aber auch seine hohe Reizschwelle und seine Gelassenheit. Pyrenäenberghunde werden bereits seit vielen Generationen als Begleithunde gezüchtet und gehalten, von allen Herdenschutzhunden eignen sie sich daher wahrscheinlich am besten als Familienhunde. Sein Schutztrieb sollte jedoch nicht zusätzlich gefördert werden. Eine sorgfältige Sozialisierung auf Menschen, Tiere und Alltagssituationen ist wichtig. Diesen Hund die überwiegende Zeit in den Garten abzuschieben, beeinträchtigt seine Wesensentwicklung erheblich. Ein gut sozialisierter und ins Familienleben integrierter Pyri aus kontrollierter Zucht kann hingegen sein freundliches und gutmütiges Wesen voll entfalten. Er liebt ausgiebige Spaziergänge in gemäßigtem Tempo, lange Sprints und Sprünge sind eher nichts für Pyris.

Haltung: Wie alle großen, schweren Rassen kann auch der Pyri Gelenkprobleme bekommen. Pyrenäenberghunde haben an den Hinterläufen doppelte Afterkrallen. Diese sollten regelmäßig kontrolliert und gegebenenfalls gekürzt werden, damit sie nicht einwachsen.

| eingeschränkt | einfach | mittel | etwa 13 Jahre |

Rhodesian Ridgeback

FCI-Standard Nr. 146
Größe: Rüde 63–69 cm, Hündin 61–66 cm
Gewicht: Rüde 36,5 kg, Hündin 32 kg
Farbe: hell-weizenfarben bis rot-
weizenfarben

Herkunft und Verbreitung: Viele Legenden ranken sich um seine Entstehung und seinen Einsatz als Löwenjäger und Minenwächter in Südafrika. Seit den 1990er Jahren nahm die Popularität des Rhodesian Ridgeback (RR) bei uns stark zu. Typisches äußeres Merkmal des RR ist der Ridge, ein Fellstreifen entlang des Rückgrats, der gegen den Strich wächst. Daher auch der Name der Rasse.
Wesen: Ein RR ist seinem Besitzer gegenüber sensibel und anpassungsfähig, auch wenn manche Rüden etwas zur Dominanz neigen. Fremden steht er eher zurückhaltend gegenüber, wobei er typischerweise eine große Gelassenheit und hohe Reizschwelle beweist. Er lässt sich mit Konsequenz und weicher Hand gut erziehen und ist ein sportlicher, bewegungsfreudiger Hund, ohne auch hier ins Extrem zu gehen. Für den Hundesport im herkömmlichen Sinn (Unterordnungs- und Schutzdienst) eignet sich der RR nur eingeschränkt – es kann schwierig sein, ihn in diesen Bereichen zu motivieren. Ein RR schützt normalerweise auch ohne Schutzhundausbildung sein Heim und seine Familie.
Haltung: Gesundheitlich ist der RR ziemlich robust, die bei den größeren Rassen recht verbreitete HD und ED (siehe Glossar) kommt allerdings auch bei ihm vor. Vereinzelt kann es im Bereich des rassetypischen Ridge zu so genannten Dermoidzysten (siehe Glossar) kommen.

 nein   einfach   hoch   ? etwa 10 Jahre

Rottweiler

FCI-Standard Nr. 147
Größe: Rüde 61–68 cm,
Hündin 56–63 cm
Gewicht: Rüde etwa 50 kg,
Hündin etwa 42 kg
Farbe: schwarz mit roten Abzeichen

Herkunft und Verbreitung: Der Rottweiler wurde früher als Treib- und Schutzhund für Rinder, mit Beginn des 20. Jahrhunderts auch als Polizeihund eingesetzt.

Wesen: Ein Rottweiler-Besitzer sollte gelassen, fair und selbstsicher sein. Ein Scharfmachen sollte beim „Rotti" unterbleiben, bringt doch diese Rasse von Natur aus genügend Schutztrieb mit. Seine guten Seiten kann er nur dann entwickeln, wenn er mit seiner Familie lebt. Wird er ausschließlich im Zwinger gehalten, verkümmert er psychisch und kann dann tatsächlich zur Gefahr werden. Ein Rottweiler braucht eine Aufgabe, sei es Obedience, Fährtenarbeit oder Agility. Der Züchter sollte dem ADRK (Allgemeiner Deutscher Rottweiler-Klub e. V.) angeschlossen, die Elterntiere freundlich und aufgeschlossen sein. Eine solide Sozialisierung und Grunderziehung ist ein absolutes Muss – nicht zuletzt, um mit der Rasse in der Öffentlichkeit ein positives Bild abzugeben.

Haltung: Der Rottweiler ist anfällig für Hüft- und Ellbogengelenksdysplasie (HD/ED, siehe Glossar), auch dies ist ein Grund, einen seriösen Züchter zu wählen, der nach den strengen Vorschriften des ADRK züchtet. Zur Vorbeugung der gefürchteten Magendrehung verteilen Sie seine tägliche Futtermenge auf mehrere kleine Portionen. In manchen Bundesländern müssen Rottweiler einen Wesenstest absolvieren, um ohne Auflagen gehalten werden zu können. Rottweiler sind relativ anfällig für Lymphome (siehe Glossar).

ja	einfach	mittel	12–15 Jahre

Saluki, Persischer Windhund

FCI-Standard Nr. 269
Größe: Rüde 58–71 cm,
Hündin etwas kleiner
Gewicht: Rüde 24–26 kg, Hündin 18–22 kg
Farbe: alle Farben, jedoch gestromt
unerwünscht

Herkunft und Verbreitung: Der Saluki, befedert oder auch als Kurzhaar, ist ein orientalischer Windhund. Er stammt aus dem Mittleren Osten und wird dort seit Jahrhunderten zur Jagd auf Gazellen und Hasen eingesetzt. Aufgrund seines großen Verbreitungsgebietes gibt es sowohl beim Aussehen als auch beim Wesen eine große Typenvielfalt.

Wesen: Der Saluki wählt mit feiner Beobachtungsgabe aus, wem er seine Zuneigung schenkt. Er eignet sich daher vor allem für einfühlsame Menschen. Achten Sie bei der Wahl des Welpen darauf, dass der Züchter die Kleinen intensiv sozialisiert und mit üblichen Alltagssituationen vertraut macht. Wichtig ist der spätere Besuch der Welpenspielschule, um Mimik und Spielverhalten anderer Rassen kennen zu lernen. Der Saluki passt sich dem Leben seiner Besitzer sehr gut an. Wegen seiner Lauffreude stellen jedoch Straßen, Zäune usw. eine Gefahr dar. Diese Rasse eignet sich für die Teilnahme an Windhundsport-Veranstaltungen, aber auch für Begleithundprüfungen und Agility. In letzter Zeit werden Salukis zunehmend als Therapiehunde eingesetzt, aufgrund ihrer Sanftheit eignen sie sich gut für diese Aufgabe.

Haltung: Der Saluki ist für die Zwingerhaltung völlig ungeeignet. Er liebt es, erhöht auf einem Sessel zu liegen. Salukis sind insgesamt gesehen unempfindlich, jedoch mögen sie keine Kälte.

 eingeschränkt   aufwendig   hoch   etwa 12 Jahre

Samojede

FCI-Standard Nr. 212
Größe: Rüde 54–60 cm (ideal 57 cm),
Hündin 50–56 cm (ideal 53 cm)
Gewicht: Rüde circa 25 kg,
Hündin circa 21 kg
Farbe: weiß

Herkunft und Verbreitung: Der Samojede stammt aus Nordrussland und Sibirien, wo er als Schlitten- und Jagdhund sowie zum Hüten der Rentierherden eingesetzt wurde.
Wesen: Die Anschaffung einer nordischen Hunderasse wie dem Samojeden muss wohlüberlegt sein: Zwar zeichnet er sich durch eine große Freundlichkeit Mensch und Artgenossen gegenüber aus, sein starker Jagd- und Bewegungsdrang darf jedoch nicht unterschätzt werden. Am glücklichsten ist der Samojede in einem großen Rudel, seien es Menschen oder Hunde. Er möchte immer überall dabei sein, Unternehmungen mit der ganzen Familie sind also ganz nach seinem Geschmack. Ideal ist ein Besitzer, der Gefallen am Schlittenhundesport findet, aber auch Agility, Obedience etc. können seinen Tatendrang in die richtigen Bahnen lenken. Wenn der Samojede zu lange sich selbst überlassen wird und sich langweilt, neigt er zum Verwüsten der Wohnungseinrichtung und exzessivem Bellen. Überhaupt sind Samojeden recht bellfreudig.
Haltung: Die Fellpflege ist während des Haarwechsels recht aufwendig. Im Sommer können diese Hunde sehr stark unter der Hitze leiden. Samojeden neigen zu Talgdrüsenproblemen, Ekzemen und Haarausfall, vor allem, wenn sie zu dick sind oder zu großer Hitze ausgesetzt werden. Möglicherweise spielt auch Stress (Unter- oder Überforderung) eine Rolle.

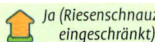 Ja (Riesenschnauzer eingeschränkt)

 mittel

 mittel

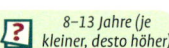 8–13 Jahre (je kleiner, desto höher)

Schnauzer (Riesenschnauzer, Mittelschnauzer, Zwergschnauzer)

FCI-Standard Nr.: Riesenschnauzer 181, Mittelschnauzer 182, Zwergschnauzer 183

Größe: Riesenschnauzer 60–70 cm, Mittelschnauzer 45–50 cm, Zwergschnauzer 30–35 cm

Gewicht: Riesenschnauzer 35–47 kg, Mittelschnauzer 14–20 kg, Zwergschnauzer 4–8 kg

Farbe: schwarz, pfeffer-salz, Zwergschnauzer auch weiß und schwarz-silber

Herkunft und Verbreitung: Schnauzer bekämpften ursprünglich Ratten und Mäuse in Stallungen, was ihnen auch den Namen „Rattler" eintrug. Der Mittelschnauzer entspricht am ehesten der Stammform des Schnauzers, die beiden anderen entstanden durch Verpaarungen mit jeweils größeren Treibhundschlägen bzw. mit kleinen Stallpinschern.

Wesen: Die Unterschiede zwischen den drei Schnauzerrassen liegen vor allem in der Größe, das Wesen ist bei allen sehr ähnlich. Der Schnauzer ist ein bodenständiger, kerniger Hund mit einem eigenen Kopf. Der Riesenschnauzer gehört zu den anerkannten Gebrauchshunderassen, er wird auch als Diensthund bei der Polizei geführt. Er hat aber ebenso eindeutige Qualitäten als Familien- und Begleithund, sofern er entsprechend seinem Tatendrang beschäftigt wird. Auch Mittel- und Zwergschnauzer sind sehr neugierige, unternehmungslustige Hunde, spielfreudig, dabei nicht überdreht oder hyperaktiv. Der Schnauzer ist nicht unbedingt für Anfänger geeignet, denn die Erziehung ist nicht so leicht wie bei manch anderen Rassen, da er

einen ausgesprochenen Dickkopf hat und sich in der Regel nicht bedingungslos unterordnet. Er ist sehr intelligent und kann seinem Besitzer bei zu nachgiebiger Behandlung rasch über den Kopf wachsen. Der ideale Halter ist eine echte „Führungspersönlichkeit": gelassen, selbstbewusst und ein Mensch der Tat. Eine Beschäftigung ist wichtig und je nach Größe wird man entsprechende Aufgaben für seinen Schnauzer auswählen. Man kann ihn in allen Bereichen des Hundesports führen. Seinem natürlichen Misstrauen gegen Fremde sollte man durch eine gewissenhafte Sozialisierung entgegenwirken. Es ist niemals empfehlenswert, einen unbekannten Schnauzer ungefragt anzufassen. Alle drei Schnauzerrassen bringen von Natur aus einen ausgeprägten Wach- und Schutztrieb mit, darauf kann man sich auch ohne entsprechende Ausbildung verlassen: Selbst der Zwergschnauzer ist ein richtiger kleiner Rattenfänger, der seine Aufgaben sehr ernst nimmt. Eine Verzärtelung oder Degradierung zum reinen Schauobjekt ist bei ihm genauso unangebracht wie bei seinen größeren Vettern. Viele Schnauzer entwickeln im Alter Schrullen.

Haltung: Das Schnauzerfell muss je nach Haarbeschaffenheit zwei- bis dreimal jährlich getrimmt oder geschoren werden. Der üppige Bart sollte nach jedem Essen gereinigt und regelmäßig gekämmt werden, sonst verfilzt er. Bei schwarzen Mittel- und Riesenschnauzern treten häufiger als bei anderen Rassen bösartige Tumore an den Zehen auf. Viele Riesenschnauzerhündinnen werden nach einer Kastration inkontinent, der Eingriff sollte bei dieser Rasse also besonders sorgfältig abgewogen werden.

Foto diese Seite: Zwergschnauzer
Foto vorhergehende Seite: Riesenschnauzer

 eingeschränkt   mittel bis aufwendig   mittel   etwa 12 Jahre

Schwarzer Terrier (Tchiorny Terrier)

FCI-Standard Nr. 327
Größe: Rüde 66–72 cm, Hündin 64–70 cm
Gewicht. 40 kg und mehr
Farbe: schwarz oder schwarz mit grauen Haaren

Herkunft und Verbreitung: Der Schwarze Terrier (auch Schwarzer Russischer Terrier) wurde in den 1940er Jahren vom russischen Militär aus Airedale Terrier, Rottweiler und Riesenschnauzer sowie einheimischen Rassen als Wachhund und Objektschutzhund gezüchtet.

Wesen: Der aufmerksame und gelehrige Schwarze Terrier hängt sehr an seinem Herrn und seiner Familie und eignet sich bei guter Sozialisierung als Familien- und Begleithund. Entsprechend seiner Vorfahren bringt der Schwarze Terrier eindeutige Wach- und Schutzhundquali-
täten mit, dies sollte bei der Aufzucht und Erziehung bedacht werden. Der Besitzer sollte aktiv und hundeerfahren sein, Schwarze Terrier eignen sich nicht für Anfänger.

Haltung: Da diese Rasse noch vergleichsweise jung ist, variiert die Felltextur entsprechend ihrer unterschiedlichen Vorfahren. Oft ist sie nicht so einheitlich hart und anliegend wie gewünscht, sondern zu weich und zu lang. Hat das Fell die gewünschte Qualität, wird der Hund getrimmt. Bei sehr weichem und langem Fell greift man gerne auch zur Schere. Der üppige Bart sollte regelmäßig gereinigt und vorsichtig gekämmt werden, um Verfilzungen zu vermeiden. Wie alle großrahmigen Rassen kann auch der Schwarze Terrier Magendrehungen bekommen, verteilen Sie deshalb sein Futter auf mehrere kleine Rationen täglich. Gelenkserkrankungen (HD/ED, siehe Glossar) kommen vor.

 ja   mittel   mittel   etwa 12 Jahre

Scottish Terrier (Schottischer Terrier)

FCI-Standard Nr. 73
Größe: 24,5–28 cm
Gewicht: 8,6–10,4 kg
Farbe: schwarz, weizenfarben, gestromt

Herkunft und Verbreitung: Der kleine „Scottie" war früher ein rauer Jagdhund, der wehrhafte Gegner wie Fuchs, Dachs und Otter stellte. Seit vielen Generationen wird er allerdings als Haus- und Familienhund gehalten, in den 1930er bis 40er Jahren war er sogar ein richtiger Modehund. Heute findet man nur noch vereinzelt Scottish Terrier als Jagdhunde.

Wesen: Scottish Terrier haben etwas Kauziges, mitunter Clownhaftes an sich. Auf der anderen Seite sind sie aber überhaupt keine Schoßhunde, sondern brauchen Freiraum und möchten nicht permanent geherzt werden. Der Scottie ver-

schenkt seine Zuneigung nicht allzu freigebig, schon gar nicht an Fremde. Ein Scottie hängt an seiner Familie, fühlt sich aber auch mit einer einzigen Bezugsperson wohl, sofern er nicht zu lange allein bleiben muss. Trotz der kurzen Beine ist er bewegungsfreudig und hat Spaß an moderaten sportlichen Aktivitäten.

Haltung: Das Fell muss mindestens zweimal pro Woche gebürstet und alle drei Monate getrimmt werden. Bekannt sind die nach dieser Rasse benannten „Schotten-Krämpfe": anfallsartige Muskelkrämpfe, die meist durch Stress-Situationen ausgelöst werden und behandelbar sind. Da Scotties recht schmerzunempfindlich sind, merkt man meist erst spät, wenn etwas mit ihnen „nicht stimmt". Manche Scotties neigen zu Blasensteinen, auch Blasenkrebs kommt häufiger als bei anderen Rassen vor.

	ja		einfach		mittel		etwa 10 Jahre

Shar Pei

FCI-Standard Nr. 309
Größe: 44–51 cm
Gewicht: 22–25 kg
Farbe: alle einheitlichen Farben außer weiß

Herkunft und Verbreitung: Der Shar Pei stammt aus China, wo seine Vorfahren seit vielen Jahrhunderten gehalten wurden. Mit einer anderen, möglicherweise mit ihm verwandten, Rasse, dem Chow Chow, teilt er ein Charakteristikum: die blaue Zunge.

Wesen: Wie viele Hunderassen aus Fernost hat auch der Shar Pei einen recht eigenwilligen Charakter und lässt sich schlecht im herkömmlichen Sinne „abrichten". Mit Geduld und der nötigen Konsequenz ist aber auch seine Erziehung möglich, sogar diverse Hundesportarten kann man mit ihm betreiben, solange nur der Spaß und nicht der Sieg das Ziel ist. Er ist seiner Familie zärtlich zugetan, Fremden gegenüber eher reserviert. Es gibt viele dominante Shar Pei, dies kann ein Problem bei einer angestrebten Rudelhaltung sein. Ein seriös gezüchteter und gut sozialisierter Shar Pei ist ein vitaler, fröhlicher und sportlicher Hund, der mit seiner Familie durch dick und dünn geht.

Haltung: Starke Faltenbildung und lose Haut bei erwachsenen Hunden ist weder vom Standard erwünscht noch der Gesundheit der Tiere zuträglich. Ein Problem ist sicherlich die Nachfrage nach besonders faltigen Hunden, die zu einer Bevorzugung solcher Tiere in der Zucht führt. Bei manchen Welpen können durch die Gesichtsfalten Augenprobleme auftreten. Einige Hunde neigen zu Ohrentzündungen, vereinzelt treten Nierenprobleme auf. Kaufen Sie einen Shar Pei nur beim seriösen Züchter!

 ja

 mittel bis aufwendig

 mittel

 etwa 14 Jahre

Shetland Sheepdog (Sheltie)

FCI-Standard Nr. 88
Größe: Rüde ideal 37 cm, Hündin ideal 35,5 cm (die Größenvarianz in der Rasse ist recht groß)
Gewicht: 6–12 kg (je nach Größe und Körperbau)
Farbe: zobel, tricolour, blue-merle, jeweils mit oder ohne weiße Abzeichen, schwarz-weiß, schwarz-loh

Herkunft und Verbreitung: Der Sheltie stammt von den Shetland-Inseln vor der Küste Schottlands. Dort wurde er zum Hüten der Schafe eingesetzt.

Wesen: Shelties sind fröhliche, aufgeweckte Hunde. Sie freuen sich sehr über Aufmerksamkeit und Beschäftigung, müssen aber nicht in dem Maße wie ein waschechter Arbeitshund ausgelastet werden. Wichtig ist, dass der Sheltie überall dabei sein darf und liebevoll behandelt wird. Shelties sind recht gut zu erziehen und gehorchen gerne, manche sind allerdings recht bellfreudig. Sie bleiben immer in der Nähe ihres Herrn, was sie zu geeigneten Begleitern auf Spaziergängen macht. Es gibt recht individuelle Charaktere: vom etwas zurückhaltenden, schüchternen Hund bis zum freundlichen, extrovertierten Hund sind alle Nuancen vertreten. Den meisten Shelties gemeinsam ist eine große Sensibilität. Die meisten sind begeisterte und erfolgreiche Hundsportler, zum Beispiel beim Agility.

Haltung: Gesundheitliche Probleme können die Haut (vor allem Autoimmunerkrankungen), die Nieren und die Augen betreffen. Bei Shelties kann Kryptorchismus (siehe Glossar) vorkommen: Solche Hunde sollten kastriert werden. Achten Sie beim Kauf eines Rüdenwelpen darauf, dass beide Hoden fühlbar sind.

| | ja | | einfach | | mittel | | etwa 15 Jahre |

Shiba Inu

FCI-Standard Nr. 257
Größe: Rüde circa 40 cm
Hündin circa 37 cm
Gewicht: Rüde circa 9–12 kg
Hündin circa 8–10 kg
Farbe: rot, schwarzloh, sesam, schwarz-
sesam, rot-sesam, jeweils mit hellen
Abzeichen („Urajiro")

Herkunft und Verbreitung: Kleine spitzartige Hunde wurden in Japan traditionell zur Jagd auf kleines Wild und Vögel eingesetzt.
Wesen: Trotz seiner handlichen Größe ist der Shiba alles andere als ein Schoßhund. Shibas sind unternehmungslustig, sportlich und robust. Sie vereinen die Vorzüge aller nordischen Rassen im Kleinformat, weisen aber auch deren Besonderheiten auf, die die Erziehung nicht ganz einfach machen: Sie sind eigenwillig bis stur, intelligent und neugierig. Eine Abrichtung im herkömmlichen Sinn ist bei ihnen unmöglich, mit liebevoller Konsequenz erreicht man dagegen recht viel. In der Familie fröhlich und verspielt, sind sie Fremden gegenüber eher zurückhaltend. Ein Shiba hängt an seiner Familie, braucht aber auch seinen Freiraum und sollte immer die Möglichkeit haben, sich zurückzuziehen. Sein manchmal recht ausgeprägter Jagdtrieb sollte die Anschaffung kleinerer Heimtiere verbieten, wenn der Hund sie nicht von klein auf kennt. Auch macht er sich im Freien gerne einmal selbstständig. Shibas sind Hunde für naturverbundene, einfühlsame Menschen, die eventuell in einer kleinen Wohnung leben, aber dennoch einen „ganzen Hund" wünschen.
Haltung: Diese Rasse ist bemerkenswert gesund und langlebig. Während des Haarwechsels ist intensives Bürsten nötig.

 ja   aufwendig   gering   ? 12–16 Jahre

Shih Tzu

FCI-Standard Nr. 208
Größe: nicht über 26,7 cm
Gewicht: 4,5–8,1 kg
Farbe: alle Farben erlaubt

Herkunft und Verbreitung: Ursprünglich sollen seine Vorfahren als tibetische Tempelwachhunde gedient haben, später wurden sie in chinesischen Palästen als Gesellschaftshunde gehalten.

Wesen: Der Shih Tzu ist neugierig, unternehmungslustig und quicklebendig. Er hängt mit großer Zuneigung an seinem Besitzer und begleitet ihn gerne auf Schritt und Tritt. Wenn er sich selbst überlassen wird, leidet er und wird unter Umständen unsauber, fängt an zu bellen oder nagt Mobiliar an. Es gibt unterschiedliche Zuchtlinien: Kleine zierliche Hunde von 4–5 kg, aber auch robuste Shihs mit 8 kg, die sich durchaus für sportliche Betätigungen wie Agility eignen. Dies ist in Amerika sehr beliebt, daher sind dort die Shihs auch etwas hochbeiniger und kürzer im Rücken als bei uns. Falls Sie sportliche Ambitionen haben, sollten Sie diese Aspekte bedenken.

Haltung: Shih Tzu-Welpen werden, wie die meisten Zwerghunde, erst nach der 12. Lebenswoche vom Züchter abgegeben. Außer der Fellpflege ist beim Shih Tzu eine sorgfältige Hygiene der Ohren, Augen, Zähne und des Afters wichtig. Halten Sie Ihren Shih Tzu schlank, um Bandscheibenvorfällen vorzubeugen. Vor allem die sehr kurznasigen Hunde sind hitzeempfindlich und können zu Zahnausfall neigen. Etwas Vorsicht erfordern auch die großen Augen. Hornhautverletzungen und sogar ein Vorfall des Augapfels kommen mitunter vor.

	nein		mittel		hoch		etwa 14 Jahre

Siberian Husky

FCI-Standard Nr. 270
Größe: Rüde 53,5–60 cm,
Hündin 50,5–56 cm
Gewicht: Rüde 20,5–28 kg,
Hündin 15,5–23 kg
Farbe: alle Farben von schwarz bis reinweiß

Herkunft und Verbreitung: Der Sibirische Husky ist die bekannteste und beliebteste Schlittenhunderasse. Es gibt Sportlinien und Showlinien, beide haben sich teilweise recht weit vom ursprünglichen Husky entfernt.

Wesen: Die meisten Huskys sind menschenfreundlich und umgänglich, doch dies reicht als Qualifikation zum unkomplizierten Familienhund nicht aus. Vor allem Hunde aus Sportlinien haben einen schier unbändigen Bewegungsdrang und ausgeprägten Jagdtrieb. Ideal ausgelastet ist ein Husky durch Schlittenhundesport – ein geld- und zeitintensives Hobby! Alternativ muss man ihm viel Bewegung bieten, einen regen Anteil am „Rudelleben" und eine adäquate Ausgleichsbeschäftigung. Die Erziehung erfordert disziplinierte Konsequenz, da Huskys meist sehr eigenwillig sind. Achten Sie unbedingt auf eine gewissenhafte Sozialisierung beim Züchter. Suchen Sie den Züchter sorgfältig aus und fragen Sie nach seinem Zuchtziel: Gesundheit sowie Qualität in Leistung und Form sind in extremen Sport- bzw. Showlinien nicht unbedingt selbstverständlich.

Haltung: Sommerliche Temperaturen können dem Sibirischen Husky nichts anhaben, jedoch bleibt ihr wahres Element Eis und Schnee. Huskys, die nur im Haus gehalten werden, können Hautprobleme entwickeln. Ab und zu treten Hormonstörungen auf. Während des Haarwechsels ist intensives Bürsten nötig.

 ja   mittel   gering bis mittel (je nach Größe)   12–15 Jahre

Spitz (Deutscher Spitz): Wolfsspitz (Keeshond), Großspitz, Mittelspitz, Kleinspitz, Zwergspitz (Pomeranian)

FCI-Standard Nr. 97
Größe: Wolfsspitz 46–52 cm, Großspitz 42–50 cm, Mittelspitz 30–38 cm, Kleinspitz 23–29 cm, Zwergspitz 18–22 cm
Gewicht: jeweils der Größe entsprechend
Farbe: Wolfsspitz: graugewolkt; Großspitz: schwarz, weiß, braun; Mittel-, Klein- und Zwergspitz: schwarz, weiß, braun, orange, graugewolkt, creme, sable, black-and-tan, gescheckt

Herkunft und Verbreitung: Früher waren Spitze aller Größenvarianten außerordentlich beliebte und verbreitete Wachhunde. Zum Ende des 20.

Jahrhunderts gehörte der Großspitz dann aber zu den extrem gefährdeten, der Mittelspitz zu den stark gefährdeten Rassen. Das mag am veränderten Zeitgeist liegen. Vielleicht finden viele den Spitz einfach zu bodenständig. Heute scheinen sich die Spitzrassen etwas von diesem „Einbruch" zu erholen, die Welpenzahlen steigen wieder etwas an.

Wesen: Spitze sind hoftreu: Ein wildernder Spitz, der sich freiwillig von Heim und Hof entfernt, hat Seltenheitswert. Fremden gegenüber sind Spitze eher misstrauisch und melden zuverlässig alles, was sich ihrem Territorium nähert, wobei sie im Zweifelsfall auch nicht zögern, einmal zuzuschnappen. Dafür hängen sie mit umso größerer Liebe an ihrer Familie und sind auch verträglich mit anderen Tieren. Der ideale Besitzer ist naturverbunden und besitzt eine Portion Humor. Für sehr gemütliche, unsichere oder überfürsorgliche Menschen eignen sich Spitze weniger. Mit den größeren Schlägen kann man

Hundesport betreiben, vor allem der Wolfsspitz ist ein aktiver, unternehmungslustiger Hund. Agility, Obedience, Dogdance etc. sind ideale Beschäftigungsfelder. Die kleineren Spitze eignen sich auch gut als Gesellschafter älterer Herrschaften, die unter Umständen nicht mehr ganz so aktiv sind. Die sprichwörtliche Bellfreudigkeit des Spitz sollte von klein an durch konsequente Erziehung in vernünftige Bahnen gelenkt werden. Eine konsequente Erziehung vorausgesetzt, sind Spitze als Anfängerhunde geeignet. Der Spitz lernt gut über positive Motivation, jeglicher Druck oder Strafen machen ihn stur. Beim Großspitz werden die drei Farbschläge getrennt gezüchtet – so konnten sich im Lauf der Zeit auch bestimmte Wesensunterschiede herausbilden. Der schwarze Großspitz und der Wolfsspitz sind sich sehr ähnlich. Der Schwarze ist noch etwas misstrauischer gegenüber Fremden, bei vielen findet man Anlagen zum Hüten. Der weiße Großspitz ist ein Clown, immer zu

Späßen aufgelegt. Früher war er oft ein Zirkushund. Wenn er nicht erzogen wird, tanzt er seiner Familie schnell auf der Nase herum.

Haltung: Vor allem während des Haarwechsels kann die Fellpflege recht zeitintensiv werden. Spitze sind gute Futterverwerter, achten Sie daher auf seine Linie. Beim Zwergspitz kennt man die für Zwerghunde typischen Gesundheitsprobleme wie Trachealkollaps, Patellaluxation und offene Fontanellen (siehe Glossar). Vor allem beim Zwergspitz kann Alopezia X auftreten, hierbei verlieren die Tiere Fell, die Haut verfärbt sich meist dunkel.

Foto diese Seite: Wolfsspitz
Foto vorhergende Seite: Kleinspitz

 ja   einfach   hoch   etwa 13 Jahre

Staffordshire Bullterrier

FCI-Standard Nr. 76
Größe: 35,5–40,5 cm
Gewicht: Rüde 12,7–17 kg,
Hündin 11–15,4 kg
Farbe: rot, falb, weiß, schwarz, blau oder
gestromt, jeweils mit oder ohne weiß

Herkunft und Verbreitung: Der Staffordshire Bullterrier entstand in England durch die Kreuzung von Bulldog und Terriern. Die frühen Rassevertreter wurden bei Tierkämpfen eingesetzt. Seit vielen Generationen ist der StBT ein in England sehr beliebter Familienhund, vergleichbar mit dem Boxer in Deutschland. Bei uns ist seine Zucht und Haltung durch diverse Hundeverordnungen stark reglementiert.
Wesen: Der typische StBT ist menschenfreundlich und temperamentvoll, liebevoll innerhalb seiner Familie und offen gegenüber Fremden.

Der ideale Besitzer ist liebevoll, konsequent, verantwortungsbewusst und standfest. Mit Artgenossen verträgt sich der StBT nicht immer gut. Wichtig bei dieser Rasse ist die Wahl eines seriösen Züchters, der nur mit verträglichen Hunden züchtet und die Welpen entsprechend sozialisiert. StBT eignen sich für viele hundesportliche Aktivitäten – außer dem Schutzdienst.
Haltung: Staffordshire Bullterrier sind meist gute Futterverwerter und neigen zu Übergewicht. Zuchttiere müssen auf L2HGA (eine erbliche Stoffwechselstörung) und Katarakt (siehe Glossar) getestet sein – lassen Sie sich das vor dem Kauf für die Elterntiere Ihres Welpen nachweisen. Erkundigen Sie sich unbedingt, unter welchen Auflagen in Ihrem Bundesland die Haltung erlaubt ist. Auch die Hundesteuer kann je nach Gemeinde deutlich höher als für andere Rassen sein.

 ja   aufwendig   mittel   etwa 15 Jahre

Tibet Terrier

FCI-Standard Nr. 209
Größe: Rüde 35,6–40,6 cm,
Hündin geringfügig kleiner
Gewicht: Rüde bis circa 14 kg,
Hündin 8–10 kg
Farbe: jede Farbe außer leberbraun

Herkunft und Verbreitung: Der Tibet Terrier (TT) ist kein Terrier, sondern geht auf tibetische Hirtenhunde zurück.

Wesen: Tibet Terrier sind Energiebündel, immer fröhlich und zu Scherzen aufgelegt, solange sie nur bei ihren Menschen sein können. Dabei sind sie ziemlich anpassungsfähig: Einen sportlichen Besitzer begleiten sie auf den längsten Wanderungen, bei einem eher gemäßigten Besitzer geben sie sich auch mit weniger Auslauf zufrieden. Die Erziehung eines TT stellt einen mitunter auf eine Geduldsprobe, gibt es doch recht dickköpfige Exemplare. Mit Kindern verstehen sich TT meist sehr gut, trotzdem muss man den Kleinen erklären, dass ein Hund kein Spielzeug ist, sondern auch sein Recht auf Ruhe hat.

Haltung: TT gehören zu den langlebigsten Hunderassen. Ein wichtiger Punkt, der nicht unterschätzt werden darf, ist die Fellpflege. Mehrmals wöchentliches gründliches Kämmen und Bürsten sind unabdingbar, ebenso das Ablesen von Blättern und Ästchen nach jedem Spaziergang. Dafür haart ein gut gepflegter TT kaum. Die Kontrolle der Ohren, Augen, des Anal- und Genitalbereiches ist ebenfalls wichtig, um etwaige Verschmutzungen oder gar Entzündungen rechtzeitig zu bemerken. Die Bekämpfung von Erbkrankheiten wird von den VDH-Zuchtklubs sehr ernst genommen. Alle Zuchttiere müssen, soweit möglich, entsprechend getestet sein.

 nein   *einfach*   *hoch*   *etwa 12 Jahre*

Weimaraner

FCI-Standard Nr. 99
Größe: Rüde 59–70 cm,
Hündin 57–65 cm
Gewicht: Rüde 30–40 kg,
Hündin 25–35 kg
Farbe: silber-, reh- oder mausgrau

Herkunft und Verbreitung: Der Weimaraner geht auf die Leithunde (Vorfahren der Schweißhunde) zurück, vereinzelt wurden auch Pointer eingekreuzt. So entstand ein vielseitiger Jagdgebrauchshund, der sowohl für die Arbeit vor als auch nach dem Schuss eingesetzt wird.
Wesen: Der Weimaraner ist ein Jagdgebrauchshund, der sich nur sehr eingeschränkt als Begleithund eignet. Er ist sehr führerbezogen, braucht eine liebevoll-konsequente Erziehung und eine Aufgabe, die seinen Anlagen gerecht wird. Und dies ist nun mal vorrangig der Einsatz als Jagdhund, vor allem zur Nachsuche und zum Verlorenbringen. Vereinzelt bewähren sich Weimaraner auch als Rettungshunde – als reine Familienhunde oder gar Statussymbole sind sie eindeutig unterfordert; hier kann es durch den Jagd- und Schutztrieb zu Problemen kommen. In den USA ist der Weimaraner schon seit Längerem ein beliebter Begleit- und Ausstellungshund, entsprechend wird dort auch selektiert. Leider erlebt der Weimaraner in letzter Zeit in Deutschland einen Boom als Begleithund – oft auf Kosten der Hunde, da der Weimaraner hierzulande seit jeher ausschließlich auf Leistung selektiert wird.
Haltung: Es gibt den häufigeren Kurzhaar und den selteneren Langhaar-Weimaraner, beide sind pflegeleicht. Gesundheitlich sind Weimaraner aus deutschen Linien durch die strenge Leistungsauslese eher robust.

 eingeschränkt   mittel hoch ? etwa 11 Jahre

Weißer Schweizer Schäferhund (Berger Blanc Suisse)

FCI-Standard Nr. 347
Größe: Rüde 60–66 cm, Hündin 55–61 cm
Gewicht: Rüde 30–40 kg, Hündin 25–35 kg
Farbe: weiß

Herkunft und Verbreitung: Der Weiße Schweizer Schäferhund (WSS) stammt ursprünglich von weißen Deutschen Schäferhunden ab. 2003 wurde er von der FCI vorläufig als eigene Rasse anerkannt.

Wesen: Der WSS soll temperamentvoll, aufmerksam und wachsam sein, gegenüber Fremden ist er gelegentlich etwas zurückhaltend. Nervosität, Ängstlichkeit und Aggressivität sind unerwünscht, kommen jedoch bei unzureichend sozialisierten Hunden aus schlechten Zuchten mitunter vor. Die eher steigende Beliebtheit trug dazu bei, dass Welpen dieser Rasse auch von unseriösen Vermehrern angeboten werden, deshalb sollte man bei der Auswahl des Züchters genau hinsehen. Ein gut sozialisierter WSS ist ein wunderbarer, aktiver und intelligenter Begleiter und Familienhund, der sich für fast alle hundesportlichen Aktivitäten eignet.

Haltung: WSS gibt es in Stockhaar und Langstockhaar, beide erfordern vor allem während des Haarwechsels regelmäßiges Bürsten. Wie viele weiße Hunde neigen auch manche WSS zu Hautproblemen. Hunde mit gelblichem Fell sind laut Standard unerwünscht, übertriebene Selektion auf reinweißes Fell kann jedoch zur Einengung der Zuchtbasis und dadurch zu gesundheitlichen Problemen führen. Gelbliche WSS sind als Familien- und Begleithunde keineswegs minderwertig! Vereinzelt kommt der MDR1-Defekt vor (siehe Glossar), es gibt jedoch einen Test auf diesen Gendefekt.

| | ja | | mittel | | mittel | | etwa 14 Jahre |

Welsh Terrier

FCI-Standard Nr. 78
Größe: nicht über 39 cm
Gewicht: 9–9,5 kg
Farbe: schwarzloh, grizzle mit loh

Herkunft und Verbreitung: Der Welsh Terrier geht auf den englischen Black and Tan Terrier zurück, der in England seit Jahrhunderten zur Jagd auf Fuchs und Dachs gehalten wurde. Er wird mitunter mit dem Foxterrier verwechselt oder für einen kleinen Airedale gehalten.

Wesen: Wie viele Terrier ist der Welsh unternehmungslustig, fröhlich, robust und anhänglich. Die Haltung zusammen mit kleineren Heimtieren (Kaninchen, Meerschweinchen etc.) sowie Geflügel birgt wegen seines Jagdtriebes gewisse Risiken und ist weniger empfehlenswert. Der ideale Besitzer sollte unkompliziert und naturverbunden sein sowie eine natürliche Autorität besitzen. Wie bei vielen Terriern kann es Probleme geben, wenn er zu sehr vermenschlicht wird, sowie bei zu nachgiebiger oder gar antiautoritärer Erziehung. Der Welsh ist dabei aber etwas sensibler als etwa der robustere Lakeland Terrier und reagiert empfindlicher auf Erziehungsfehler. Er ist ein aktiver und handlicher Begleiter bei vielen Freizeitaktivitäten und eignet sich auch für Agility.

Haltung: Der Welsh Terrier sollte zweimal pro Woche gekämmt und viermal im Jahr getrimmt werden, dann verliert er keine Haare. Wie die meisten Rassen, die nie in den Fokus von Massenzüchtern geraten sind bzw. zum Modetrend wurden, ist der Welsh in der Regel recht gesund und langlebig. Auf qualitativ minderwertiges Futter kann er mit Hautirritationen reagieren.

| ja | mittel | mittel | etwa 14 Jahre |

West Highland White Terrier

FCI-Standard Nr. 85
Größe: circa 28 cm
Gewicht: Rüde 7–9 kg, Hündin 6–8 kg
Farbe: weiß

Herkunft und Verbreitung: Ursprünglich ist der „Westie" die weiße Variante des Cairn Terriers. Aus dem kernigen britischen Jagdhund auf Raubzeug wurde der Modehund der 1990er Jahre schlechthin.
Wesen: Ein gesunder, rassetypischer Westie ist ein kecker, neugieriger Hund, der sehr anpassungsfähig ist. Er schätzt das Familienleben, schließt sich aber auch gut einer einzelnen Person an. Sehr gut kann man ihn auch ins Berufsleben integrieren. Leider hat sich in der Vergangenheit gezeigt, dass allzu große Popularität einer Hunderasse mehr schadet als nutzt. Die

Nachfrage nach Welpen ist groß, unseriöse Hundehändler nutzen dies, um die schnelle Mark zu machen. Ob die Elterntiere gesund sind oder die Welpen eine ordentliche Sozialisierung hatten, interessiert Hundevermehrer nicht, und unerfahrene Interessenten vergessen oft beim Anblick der schüchternen kleinen Wonneproppen jeden gesunden Menschenverstand. Deshalb ist es wichtig, sich an einen seriösen Züchter, der dem KfT (Klub für Terrier e. V.) oder dem entsprechenden österreichischen bzw. schweizerischen Club angeschlossen ist, zu wenden.
Haltung: Der Westie muss alle acht bis zehn Wochen getrimmt, nicht geschoren, werden. Manche Hunde leiden an Allergien und Hautkrankheiten. Westies brauchen ein qualitativ hochwertiges Futter. Lassen Sie sich von Ihrem Tierarzt beraten.

	ja		einfach		mittel	❓	etwa 15 Jahre

Whippet

FCI-Standard Nr. 162
Größe: Rüde: 47–51 cm, Hündin 44–47 cm
Gewicht: 12–15 kg
Farbe: alle Farben

Herkunft und Verbreitung: Der Whippet entstand in England durch Kreuzungen von Windhunden und Terriern. Er wurde als Jagd- sowie als Rennhund eingesetzt.

Wesen: Whippets sind springlebendige, fröhliche Powerpakete. Ihr Wesen ist unkompliziert und offen, fremden Menschen und Hunden gegenüber verhalten sie sich meist neutral. An ihren Bezugspersonen hängen sie sehr. Die Grunderziehung bereitet in der Regel keine großen Schwierigkeiten, nur ihren Hetztrieb gilt es mitunter in den Griff zu bekommen. Von allen Windhunden ist der Whippet der „alltagstauglichste", er ist anpassungsfähig und lässt sich in ganz unterschiedliche Lebensmodelle integrieren. Auch wenn er kein Hund ist, der sich stundenlang begeistert Kinderspielen anschließt, toleriert er alle Familienmitglieder in der Regel problemlos. Mit Katzen, vor allem hundegewohnten, kommt er normalerweise gut zurecht, bei kleineren Heimtieren und Geflügel sollte man lieber vorsichtig sein. Man kann Whippets gut zu mehreren halten, zudem der Pflegeaufwand sehr gering ist.

Haltung: Whippets sollten nicht zu lange bewegungslos in Kälte oder Nässe verharren, da sie weder ein dickes Fell noch eine Fettschicht zur Isolierung haben. Ab und zu ziehen sie sich wegen ihrer dünnen Haut auch Verletzungen zu. Whippets können narkoseempfindlich sein. In manchen Linien tritt Kryptorchismus (siehe Glossar) auf, betroffene Rüden sollten aus der Zucht genommen werden.

 ja   ungeschoren: aufwendig   mittel   12–15 Jahre

Yorkshire Terrier

FCI-Standard Nr. 86
Größe: circa 25 cm
Gewicht: bis 3,1 kg
Farbe: dunkles Stahlblau mit tan-farbenen Abzeichen

Herkunft und Verbreitung: Dem englischen „Yorkie" sieht man seine Herkunft als Mäuse- und Rattenfänger nicht mehr an: Heute ist er weltweit als Begleit- und Gesellschaftshund im Taschenformat verbreitet.
Wesen: In vielen Yorkies steckt noch ein echter Terrier: Sie sind neugierig, vorwitzig und halten sich oft für stärker, als sie tatsächlich sind. Versuchen Sie den kleinen Kerl wie einen normalen Hund zu behandeln und trainieren Sie mit ihm Grundgehorsam.
Haltung: Das glänzende, bodenlange Fell bedarf sorgfältiger Pflege. Legen Sie Wert auf sein

langes Haarkleid bzw. wollen mit Ihrem Hund auf Hundeausstellungen, so machen Sie sich auf eine zeitintensive Haarpflege gefasst, ohne die der Hund unweigerlich innerhalb kürzester Zeit total verfilzt. Alternativ können Sie Ihrem Yorkie das Haar kürzen lassen, um ihm etwas mehr Bewegungsfreiheit zu geben, denn auch er möchte auf Spaziergängen gerne im tiefen Gras oder im Laub schnüffeln. Meiden Sie Zuchten, die mit Mini-Yorkies werben! Gerade die winzigen Exemplare können gesundheitlich recht anfällig sein, auch sind Verletzungsrisiken hier viel höher als bei den etwas größeren Yorkies. Je kleiner der Hund, desto stärker ist meist auch der Zahnstein und die Neigung zu Zahnausfall. Auch Patellaluxationen und Trachealkollaps (siehe Glossar) kommen bei Zwerghunden wie dem Yorkshire Terrier häufiger vor.

 ja   einfach   mittel   etwa 14 Jahre

Zwergpinscher

FCI-Standard Nr. 185
Größe: 25–30 cm
Gewicht: 4–6 kg
Farbe: rot, schwarz-rot

Herkunft und Verbreitung: Der standardgerechte Zwergpinscher ist das verkleinerte Abbild des Deutschen Pinschers.

Wesen: Zwergpinscher sind temperamentvoll, selbstsicher und anpassungsfähig. Sie eignen sich als Begleiter rüstiger älterer Menschen, da sie mit großer Hingabe an ihren Besitzern hängen und auch mal mit weniger Auslauf zufrieden sind. Auf der anderen Seite passen sie auch gut zu sportlichen Besitzern, die sie etwa im Agility führen, denn die Rasse ist leichtführig und wendig. Zwergpinscher eignen sich auch für Familien, hier muss konsequent darauf geachtet werden, dass Kinder nicht grob mit ihnen umgehen. Suchen Sie nach Möglichkeit eine Welpenspielgruppe für kleinrassige Hunde.

Haltung: Aufgrund ihres kurzen Felles und des geringen Körpergewichtes sind Zwergpinscher kälteempfindlich und sollten bei Frost und kalter Nässe draußen stets in Bewegung bleiben. Ab und zu sieht man untypische Hunde mit Verzwergungsmerkmalen wie einem gewölbten Schädel und großen Augen – vor allem bei Tieren, die nicht aus seriösen Zuchten kommen. Knochenbrüche der fragilen Gliedmaßen kommen bei sehr kleinen Exemplaren immer wieder vor und es ist zu begrüßen, dass wieder mehr Augenmerk auf moderates Gewicht und Körpergröße gelegt wird. Kaufen Sie Ihren Welpen bei einem Züchter, der seine Zuchthunde vorsorglich und freiwillig auf Patellaluxation (siehe Glossar) und erbliche Augenkrankheiten untersucht.

Service

Fachwort-Glossar

Brachycephalie: Kurzköpfigkeit. Beim brachycephalen Syndrom kommt es zu Atemproblemen aufgrund der veränderten Anatomie im Nasen-Rachen-Bereich.

Breitensport: Turnierhundesportart mit einer Kombination aus Unterordnung und verschiedenen Laufdisziplinen. Für fast alle Rassen und Hundehalter geeignet.

Coursing: Organisierter Querfeldeinlauf, gehört zu den Windhundsportarten.

Cystinurie: Erbliche Stoffwechselerkrankung mit erhöhter Cystinausscheidung. Kann zu Nieren- und Harnsteinen sowie gehäuften Harnwegsinfekten führen.

Dermoidzyste: Angeborene Einstülpung der Haut nach innen, die in schweren Fällen bis zum Wirbelkanal reichen kann.

Dummy-Training: Apportierübung mit einer Attrappe (meist Stoffsäckchen, „Dummy" genannt).

ED: Die Ellenbogendysplasie ist eine Knorpelstörung am Ellenbogengelenk und kommt meist bei großen und schweren Rassen vor.

Eklampsie: Durch Kalziummangel bedingte Krämpfe, besonders häufig während der Säugeperiode sehr kleiner und leichter Hunderassen.

Entropium: In Richtung zum Auge eingerollte Lider („Rolllider"), wodurch die Wimpern an der Hornhaut reiben und Reizungen verursachen.

Formzucht: Im Gegensatz zur Leistungszucht steht hier der Formwert (also das möglichst standardgerechte Aussehen) im Vordergrund.

Glaukom: Sehnervschädigung durch erhöhten Augeninnendruck („Grüner Star").

HD: Die Hüftgelenksdysplasie ist eine Fehlbildung der Hüftgelenke.

Katarakt: Trübung der Augenlinse („Grauer Star"). Neben dem Altersstar gibt es den juvenilen Katarakt, der schon beim jungen Hund auftritt und erblich ist.

Kryptorchismus: Hodenhochstand, bei dem ein oder beide Hoden in der Bauchhöhle oder im Leistenspalt verbleiben.

Linsenluxation: Verlagerung der Augenlinse.

Lymphom: Tumorerkrankung des Lymphgewebes.

MDR1-Defekt: Erbliche Überempfindlichkeit gegen bestimmte Medikamente.

Obedience: Ruhige Hundesportart, bei der der Hund verschiedene Aufgaben sehr konzentriert mit seinem Besitzer meistern muss.

OCD: Die Osteochondrosis dissecans ist eine Knochen-Knorpel-Erkrankung, meist ausgelöst durch Entwicklungsstörungen der Gelenke.

Patellaluxation: Verlagerung der Kniescheibe, kommt eher bei Zwerghunderassen vor.

PRA: Die Progressive Retinaatrophie ist eine Erkrankung der Augennetzhaut und führt im Endstadium zu Blindheit.

Raubwild- und Raubzeugschärfe: Die erwünschte Eigenschaft von Jagdhunden, Raubzeug und Raubwild (zum Beispiel Fuchs, Dachs, Steinmarder, Wanderratte, Rabenkrähe) anzugreifen.

Spondylose: Wirbelsäulenversteifung.

Standardzucht: siehe Formzucht.

Syringomyelie: Sehr seltene Erkrankung des Rückenmarks.

Trachealkollaps: Abflachen der Luftröhre, kommt vor allem bei kleinen Hunderassen vor.

VWD: Die Von-Willebrand-Krankheit ist eine erbliche Blutgerinnungsstörung.

Wildschärfe: Die erwünschte Eigenschaft von Jagdhunden, angeschossenes Wild zu stellen und/oder zu töten.

Adressen

Hier finden Sie Informationen zu den jeweiligen Rassezuchtclubs sowie über Hundeausstellungen:

Verband für das Deutsche Hundewesen
Westfalendamm 174
44141 Dortmund
www.vdh.de

Buchtipps

Adam, C.: Können Hunde lächeln? Ulmer, 2010
Del Amo, C.: Welpenschule. Ulmer, 2010
Del Amo, C.: Hundeschule Step by Step. Ulmer, 2007
Del Amo, C.: Spaßschule für Hunde. 2.A. Ulmer, 2010
Del Amo, C., Jones-Baade, R., Mahnke, K.: Der Hundeführerschein. 4.A. Ulmer, 2009
Hesel, L.: Apportierspiele für Hunde. Ulmer, 2009
Lehari, G.: 400 Hunderassen von A–Z. Ulmer, 2009
Mahnke, K.: Grundschule für Hunde. Ulmer, 2008

Nick, O.: Das 4-Wochen-Erziehungsprogramm für Hunde. Ulmer, 2010
Ohl, F.: Körpersprache des Hundes. Ulmer, 2006
Schmidt-Röger, H.: Das große Ulmer Hundebuch. Ulmer, 2008
Schmitt, A.: Australian Shepherd. Ulmer, 2010
Schmitt, A.: Beagle. Ulmer. 2010
Schmitt, A.: Border Collie. Ulmer, 2010
Schmitt, A.: Chihuahua. Ulmer, 2010
Schmitt, A.: Französische Bulldogge. Ulmer, 2010
Schmitt, A.: Jack und Parson Russell Terrier. Ulmer, 2010
Schmitt, A.: Labrador. Ulmer, 2010
Schmitt, A.: Mops. Ulmer, 2010
Sundance, K.: 101 Hundetricks. Ulmer, 2009
Sundance, K.: 51 Tricks für junge Hunde. Ulmer, 2010

Dank

Ich möchte mich ganz herzlich bei all den Züchtern bedanken, die mir mit aktuellen Informationen zu ihren Rassen geholfen und mir wertvolle Ratschläge für mein Manuskript gegeben haben.

Bildquellen

Andy Contoagelos 116
animals-digital/Th. Brodmann 121
animals-digital/Th. Brodmann 85
Arco Images/De Meester, J. 59
Jens Brauner 67
Eva Busch 32
Roland Cardinal 75
Martina Czolgoszewski 54
Elisabeth Egner-Heintz 111
Manuela Gerhards 15
Catherine Grimm 37, 89
Vanessa Grossemy/Canisreporting.com 43, 66,
    76, 89
Elisabeth Heis-Frei 112
Isolde Kohle-Brusis 108
Frederike Kossak 72
Susanne Löscher 21
Middelhaufe/P. Tischner 56
Inken C. Neumann 17
Angelika Richter-Faber 96
Ulrike Schanz 9, 13, 18, 44, 46, 47, 64, 66, 91,
    92, 93, 104, 106
Heike Schmidt-Röger 20, 30, 36, 40, 42, 48, 49,
    50, 71, 74, 77, 81, 90, 105, 109, 117, 120,
    122, 123
Christine Steimer 23, 24, 27, 28, 78, 97, 98, 113,
    114
Kurt Stein 34

Barbara Thiel 68
Tierfotoagentur.de/A. Mirsberger 16
Tierfotoagentur.de/B. Schwob 26, 103
Tierfotoagentur.de/D. Geithner 31, 57
Tierfotoagentur.de/I. Pitsch 61, 70, 102
Tierfotoagentur.de/J. Hutfluss 60, 101
Tierfotoagentur.de/K. Lührs 22, 51, 65
Tierfotoagentur.de/K. Mielke 35, 82, 118
Tierfotoagentur.de/M. Bayer 82
Tierfotoagentur.de/M. Rohlf 14, 54, 84
Tierfotoagentur.de/R. Richter 29, 43, 86
Tierfotoagentur.de/S. Gervelis 12, 94, 99
Tierfotoagentur.de/S. Schwerdtfeger 58
Tierfotoagentur.de/S. Starick 10, 11, 33, 79, 107
Tierfotoagentur.de/Traumfoto 8, 119
Sina Timm 63
Bianka Titus-Langer 45
Anke Walet-Rijksen 53
Annette Wellmann 73
www.Ramona-Duenisch.de 25, 41, 55, 62, 88,
    100
Zoonar/Angelika Joswig 95
Zoonar/Bernd Brinkmann 110, 115
Zoonar/Carola Schubbel 83
Zoonar/Carolin Brinkmann 38
Zoonar/Christine Steimer 19
Zoonar/Christine Steimer 39, 80
Zoonar/Hans Kuczka 87
Zoonar/Markus Essler 69

Impressum

Die in diesem Buch enthaltenen Empfehlungen und Angaben sind von der Autorin mit größter Sorgfalt zusammengestellt und geprüft worden. Eine Garantie für die Richtigkeit der Angaben kann aber nicht gegeben werden. Autorin und Verlag übernehmen keinerlei Haftung für Schäden und Unfälle. Der Leser sollte bei der Anwendung der in diesem Buch enthaltenen Empfehlungen sein persönliches Urteilsvermögen einsetzen.

Bibliografische Information der Deutschen Nationalbibliothek

Die Deutsche Nationalbibliothek verzeichnet diese Publikation in der Deutschen Nationalbibliografie; detaillierte bibliografische Daten sind im Internet über http://dnb.d-nb.de abrufbar.

© 2011 Eugen Ulmer KG
Wollgrasweg 41, 70599 Stuttgart (Hohenheim)
E-Mail: info@ulmer.de
Internet: www.ulmer.de
Lektorat: Adina Lietz, Antje Springorum
Herstellung: Ulla Stammel
Umschlagentwurf: Atelier Reichert, Stuttgart
Titelfotos: Christine Steimer (o.), animals-digital/Brodmann (u.)
Satz: pagina GmbH, Tübingen
Repro: timeray visualisierungen, Herrenberg
Druck und Bindung: Firmengruppe APPL, aprinta druck, Wemding
Printed in Germany

ISBN 978-3-8001-7561-1

Hundeerziehung leicht gemacht

Wie Sie aus Ihrem niedlichen Welpen einen gut erzogenen Hund machen, der jede Alltagssituation souverän meistert und den Sie problemlos überall hin mitnehmen können, erfahren Sie in diesem Ratgeber.

Welpenschule.

C. del Amo. 3., überarbeitete Aufl. 2010.
112 S., 62 Farbf., Klappenbroschur.
ISBN 978-3-8001-5956-7.

Hundeerziehung leicht gemacht! Üben Sie jeden Tag nur wenige Minuten und nach vier Wochen beherrscht Ihr Hund alle wichtigen Kommandos, um jede Alltagssituation zu meistern!

Das 4-Wochen Erziehungsprogramm für Hunde.

Tag für Tag – Schritt für Schritt. O. Nick.
2010. 96 S., 77 Farbf., Klappenbroschur.
ISBN 978-3-8001-5906-2.